宅在台湾 V

现代家居设计与装饰材料的搭配艺术

深圳视界文化传播有限公司 编

The Collocation Art of Modern Home Design and Decoration Materials

HOUSES IN TAIWAN

中国林业出版社
China Forestry Publishing House

宅的美学
HOUSE OF AESTHETICS

让艺术走入平常生活，就是我们设计的理想生活。

序言 PREFACE

设计师 / 张清平 Chang Ching-Ping

天坊室内计划 创始人 & 总设计师
创想基金会 执行理事
中国陈设艺术专业委员会（中国陈设委）副主任委员
台湾逢甲大学建筑学院 副教授

　　台湾室内设计业首次荣获德国红点设计大奖，最高奖项"红点金奖"（Best of the best）；台湾唯一连续8次入选为英国安德马丁室内设计年度大奖华人50强、全球100大顶尖设计师。以深度提炼的设计思考，忠实反映空间与使用者的内涵，将人与空间的价值形于外，赋予不一样的体验与感动，开创了不一样的心奢华——Montage（蒙太奇）美学风格！

世界之外，时间之内
Outside the World, Within the Time

我是一名出身于台湾的设计者，我一直认为身为设计师其实所设计的不是空间，而是生活方式。因此，设计师可以通过设计出积极阳光的生活态度来温暖空间的使用者，用国际化、全球化的设计语言来开拓使用者的视野。我相信一个成功的设计师，不论想树立的是怎样的特色品牌，在特质上一定是一个热爱生活、心态阳光、时时不忘初心的人，并能把美好的生活方式带给大家。

从事设计工作四十多年，我深刻地感受到这片土地的文化对人们生活的影响，它独特的温暖与包容，形成了多元化、趋时求新、善于扬弃、也擅长寻根等特质，这些特质共同构成了台湾式设计的精髓，一种温暖、慢活、人文的美学印象。

许多台湾的设计者擅长利用自然元素，强调直观的生态体验。时尚的色彩、细腻的材质变化在看似冲突的空间里赋予空间独特美感；精工细作的工艺讲究，创造丰富的转折变化；把看似对立的元素放一起，矛盾却又融合，不同质感在对比反差中，达到装置美学效果；开阔的空间里有流动的光影，强调一种与世界同步美好的生活美学概念；娴熟地使用带着记忆符号的材质，一些细节能够突出沉淀的历史印记。通过对生活节奏的理解，以设计者独特的视点，用简单而光线充沛的空间来满足生活者各种潜在的需求，让人在空间中不断激发新的体验。

台湾式设计有一种特有的国际化庶民精神，遵循自然的环境脉络与温暖人心的当地文化相融合，将既现代国际化又自然时尚的体验，铺陈延伸至内与外的每一处细节，不只与周边环境融合，更在融合后释放出一种让人发自内心微笑的生命力。由此，以可以感知的质感、温度、记忆，回应心中渴求的安心幸福。

台湾式设计将文化的美好体验以微笑的尺度带入日常生活，充分尊重人与空间的交流是其特有的优势。遵循可持续性发展的灵动设计，让使用者的生活按自己的步调走，充分探索每个独特与幸福的美好瞬间，使设计成为人们心目中真正渴望的场所。在温暖亲切中享受创意多元的日常活动，生活成为你的、我的、我们的"幸福聚集地"。

I am a designer from Taiwan. As a designer, I always think that what I design is not space, but a lifestyle. Therefore, I warm the users of space by creating a positive and sunny life attitude and use the international, global design language to broaden the users' horizon. I believe that a successful designer, no matter what kind of brand he/she wants to build, must be a person who loves life, has a positive attitude, always remember original aspirations, and can bring a beautiful lifestyle to everyone.

Having been engaged in design for more than 40 years, I deeply felt the impact of the culture of this land on people's lives. Its unique warmth and tolerance form the characteristics which are pluralism, pursuing the fashion, good at developing the good and discarding the bad, and also good at seeking roots. Together, they constitute the essence of Taiwanese-style design, which is a warm, leisurely and humanistic aesthetic impression.

Many Taiwanese designers excel at using the natural elements and emphasizing the intuitive ecological experiences. The changes of fashionable colors and delicate materials give a unique aesthetics in the seeming conflict. The meticulous craft creates rich transition changes. Combining the seemingly opposite elements which are contradictory but fused, in this contrast of textures, they achieve the aesthetic effect of the device. There are the flowing light and shadow on the open space, emphasizing a concept of life aesthetics. Skillfully use materials with memory symbols, and some details highlight the historical imprint of sedimentation. Through understanding the rhythm of life, space, where is simple but full of sunlight meets all the potential needs of life and makes space and people continue to inspire new experiences from a unique perspective.

Taiwanese-style design has a unique international spirit of ordinary, follows the fusion of natural environmental context and the heartwarming local culture, extends the modern international but natural and fashionable experience to every detail inside and outside, which not only integrates with the surrounding environment but also releases the vitality that makes people smile from the heart after the integration. Use the perceptible texture, temperature, memory to response the desire for peace and happiness.

Taiwanese-style design brings the beautiful experience of culture into daily life with the scale of a smile. It fully respects the communication between human and space being its unique advantage, follows the sustainable and flexible design, lets the life of the users walk on its own pace, fully explores every unique, happy and wonderful moments, and makes the design become a place where people really desire. In the warmth and kindness, we can enjoy the creative and diversified daily activities, and then life becomes our "happiness gathering place".

目录 CONTENTS
宅在台湾 V

008 自然风 NATURAL STYLE

010 透亮阳光大宅的丰沃底蕴
A Fertile Inside Information in the Transparent House

024 与大自然对话的智能家居
A Smart Home Talking to Nature

038 转角秘境
Secret Place at the Corner

056 森林上，绿光下
Forest and Greenery

074 天空的院子
The Courtyard of the Sky

090 亭仔脚——生活记忆的延续
"Din-a-ka" — A Prolonging of Memories

102 开阖之间，润泽生活
Moisturizing Life Between Opening and Closing

114 在都市寻找大自然的治愈之力
Seeking the Healing Power of Nature in the City

124 简约风 SIMPLE STYLE

126 现代人文的踪迹，随景入画
Trace to Modern Human, Follow the Scene

138 如摄影基地的景，时髦的家
Many Beautiful Scenes, A Fashionable House

148

现代时尚与自然之意的融合
The Fusion of Modern Fashion and Natural Artistic Conceptio

162

"未来当代"之家
House of Future Contemporary

176

峦——直观人生架构层叠
Ridge: Intuitive Life, Layered Structure

186

展翅高飞
Spread the Wings and Fly Up

196

繁忙都市中的归旅
The Destination of Traveller in a Busy City

204
奢华风 LUXURY STYLE

206

蒙太奇的新旋律
Montage's New Melody

228

超越时空的情怀
Feelings Beyond Time and Space

242

自然之意取于外，轻奢之感源于内
The Flavor of Nature Taken From Outdoors, the Feeling of Light Luxury From Indoors

254

寂静量体
A Quiet Building

272

空间的对称美学，都市青年的精神内涵
The Beauty of Symmetry in Space, the Spirit of City Youth

284

汲窗景，筑大度居所
Drawing Window Scenery and Building Generous Dwelling

296

大隐于市觅得浮生闲
Hiding and Having a Relax Time in a Busy City

310

原始质感铺述当代人文大宅
The Original Texture Showing the Modern Cultural Light Luxury

【自然风】

推崇自然之美，构建人与空间的和谐关系，以清新色调，渲染出温馨的舒适之家。

第一章

NATURAL STYLE

自然风

自然色彩 \ Natural Colors
照明设计 \ Lighting Design
室内绿化 \ Indoor Virescence
自然采光 \ Natural Lighting
空间规划 \ Space Planning
装饰材料 \ Decorative Materials
设计理念 \ Design Concept

自然风 NATURAL STYLE

项目信息 ＼ 设计理念 ＼ 空间规划 ＼ 装饰材料 ＼ 自然采光 ＼ 室内绿化

案例分析 / 案例赏析

A Fertile Inside Information in the Transparent House

透亮阳光大宅的丰沃底蕴

扫码查看电子书

项目信息 | Project Information

项目名称 / NY21 蔡宅
设计公司 / 界阳 & 大司室内设计有限公司
设计师 / 马健凯
项目地点 / 台湾台北
项目面积 / 245 m²
主要材料 / 金属、铁件、进口磁砖、进口木地板、木皮、石材、石皮、界阳 & 大司订制家具等
摄影师 / Yana Zhezhela，Alek Vatagin

Project Name / NY21 Cai's Mansion
Design Company / Jie Yang Interior Design
Designer / Ma Jian-Kai
Project Location / Taipei, Taiwan
Area / 245m²
Main Materials / metal, iron, imported tiles, imported wooden floor, wooden veneer, stone, stone veneer, custom furniture, etc.
Photographer / Yana Zhezhela, Alek Vatagin

设计理念
DESIGN CONCEPT

To make the space traits and the taste of the owners contrast each other and complement each other, the designer strives to be concise and essential in the process of exploring the entire spatial configuration, which results in more ideal and complete extensibility, and thus exudes the spatial scale double. At the same time, the deployment and use of materials and space bring out the fused plain and exquisite texture. The reflection of long-short distance forms a restrained, harmonious and beautiful charming of space, rendering a unique cultural rhyme.

　　为使空间特质和居者的品位能互相烘托、相辅相成，设计师在探究整个空间配置的过程中，力求简练精要，蕴生出更为理想、完整的延展性，进而加倍彰显空间的宽绰尺度。同时场域和材质之布署、材质的运用，带出交融的朴拙、精致的质感，远近烘衬，形成内敛、和美的空间韵致，衬托出别样的人文风韵。

项目信息 ＼ 设计理念 ＼ 空间规划 ＼ 装饰材料 ＼ 自然采光 ＼ 室内绿化

● 案例分析

落地窗造景

　　在宽广的横动轴线形成的宽幅大场域中，壮阔的落地窗贯通长轴线，左右延伸空间的界线，涵纳无限景观。与此同时，落地窗带来的光影随时间变幻，并与绿植的艺术装置共融，赋予室内更多美感，让生活拥有多元化的意境。

搭配特质

　　不锈钢材配搭金属漆面，并设计犹如灯带般的灯箱，让暖暖的光线引领视觉，而隐喻的黑与极简的格调带领横动轴线延伸，在简约之中散发出空间刚柔并济的特性。

上下呼应

　　地面的异质界线巧妙回应天花板装置形成的轴线，形成上下一体的协调感。地面以双色拼成色调，木板的纹理与清水色的石纹标志地面区块，丰厚了大场域内行径动线的视觉层次，并使厅堂的空间功能循序渐进地以横向端景的形式铺陈延伸，丰富开放性格局的互动共融。

● 落地窗造景

空间规划
SPACE PLANNING

空间是一个大平层，平面上是较为规整的长方形户型，设计师在其中构建出两条大轴线，即东西方向的横动轴线以及入门后视线从中切入至窗景前柜壁的竖向轴线。一进门，就可一览两条轴线互相垂直的情况，其将整个宽广的共同活动空间分为东西向，不仅丰富轴线的层次，亦在无形中以线条感带出空间的区块语言。

在此条件下，设计师以入门的轴线为视角，将室内各功能区间分为左、中、右三大块，中间布局着家人生活或待客的共同活动空间，即客厅、餐厨空间、钢琴表演区等，左边是带更衣区和独卫的主卧室，右边则是两间儿子房以及一间多功能房。在以开放为主的房子中，减去约定成俗的聚焦定位，强化单位界线的存在，升华出更为理想的延展性，在视觉上放大空间，也令共享性得到强化而私密性得到保护，保障日常起居、待客的便捷性。

平面图 / Space Plan

- 01 客厅 / Living Room
- 02 餐厅 / Dining Room
- 03 多功能房 / Multi-Function Room
- 04 小儿子房 / The Younger Son's Room
- 05 大儿子房 / The Elder Son's Room
- 06 工作阳台 / Working Balcony
- 07 前阳台 / Front Balcony
- 08 主卧 / Master Bedroom
- 09 更衣区 / The Dressing Area
- 10 主卫 / Master Bathroom
- 11 表演区 / Performance Area
- 12 客卫 / Guest Bathroom
- 13 熟炒区 / Cooked Fried Area
- 14 轻食区 / Light Food Area
- 15 玄关 / Foyer
- 16 电梯厅 / Elevator Lobby
- 17 衣帽间 / Walk-in Closet
- 18 浴室 / Bathroom
- 19 外机区 / The Machine Area

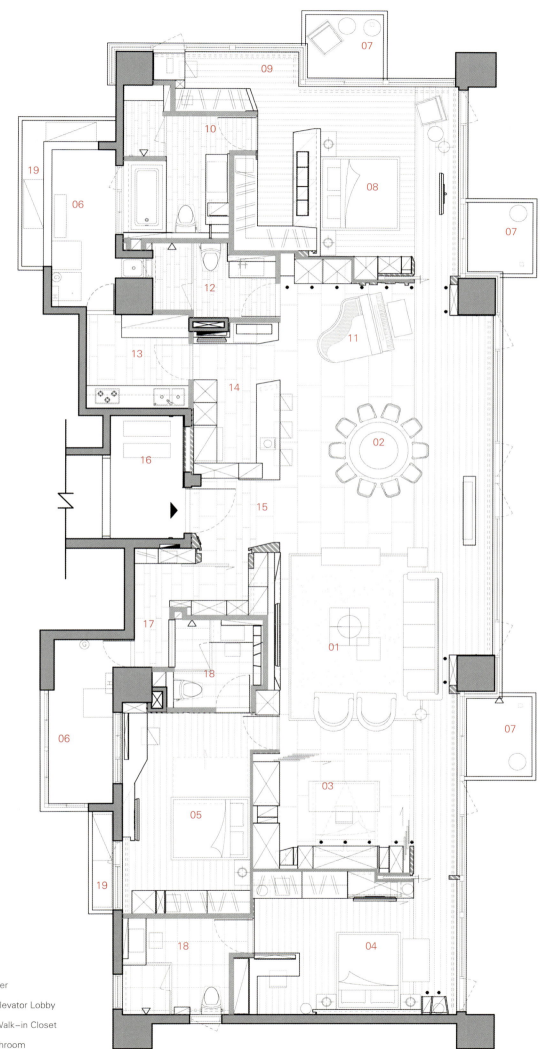

项目信息 \ 设计理念 \ 空间规划 \ 装饰材料 \ 自然采光 \ 室内绿化

○ 案例分析

名称	性能	搭配
 格栅式木墙面	木材是常见建材，也是台式家装案例中的常用材料，多用于墙面、柜子等。本案选择强调层次以及线条美的木材装饰墙面。	在客厅和卧室设计木质墙面，切割整齐且表面造型突出凹凸感，表现出一种类似木格栅的质感。这种几何感与百叶窗、天花板的不锈钢条相统一并彼此呼应，呈现空间的整体性，延展出空间丰韵。
 玻璃隔断	以玻璃作为材料的隔断方式。分隔室内空间通常采用木格栅、玻璃、线艺、屏风、纱帘、隔断柜或架等形式，讲究隔而不断。	挑选透光而不完全透明的玻璃制成推拉门，以此区分空间，界定空间的多种功能。玻璃与木、石相佐，各自独立，彼此融洽。
 清水色石纹地板	纹路如石，带有未加修饰的自然美感；颜色清浅，具有清透、大气的装饰效果，且耐脏、易清理、易搭配。	清水色石纹地板犹如粗犷之石在清澈之水的缓缓冲刷之下形成，引人联想，令人心旷神怡。其从公共领域延伸至多功能房，并与木纹理搭配，界定多个功能区，亦产生多变的场域特质。
 悬吊式植物装置	一种非常规的绿植工艺，以悬吊式装置为载体种植绿植，既节省空间，又有垂直绿化的优点。与垂挂式绿植、植物墙等异曲同工，日益受到市场认可与欢迎。	充分利用立体空间，以悬吊的方式优化室内绿化，在装置内培养绿萝等水生植物，打理方便。同时，这不仅不妨碍周围材料与功能的使用，还可以为客、餐厅提供一处景观，形式新颖，独具艺术性和观赏性。

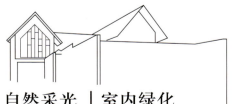

自然采光 ｜ 室内绿化
NATURAL LIGHTS ｜ INTERIOR VIRESCENCE

多处阳台和长窗的设计使空间的光线充足且丰富，悬吊式的植物绿意盎然，精巧地把自然色彩和生机迎入了室内，再配其他软装设计，整个房子便满载自然氛围。光、绿意与艺术养分，处处交融，演绎出低调和沉稳的大格调。同时，形、色、质地三者揉合成一片温润，将人文韵致铺陈至极致。

○ 案例赏析

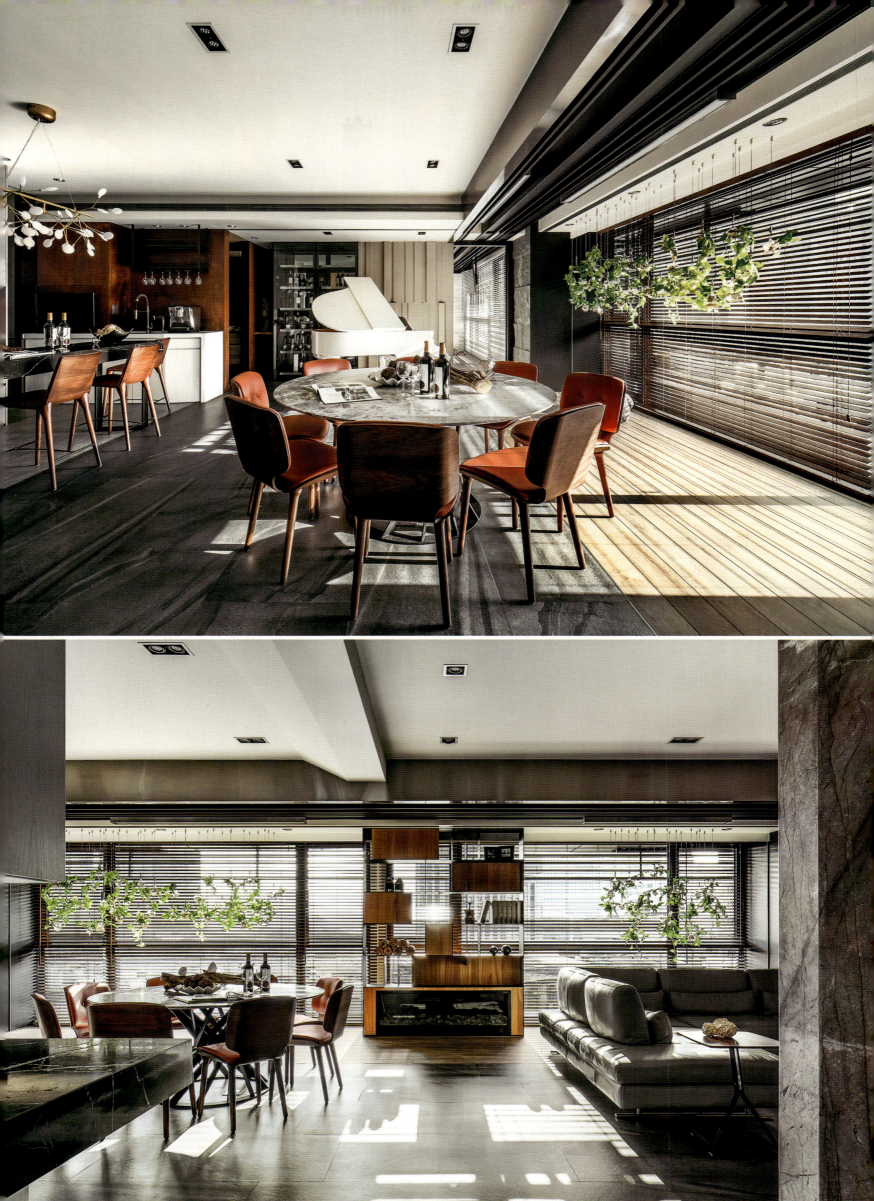

机能调整

　　沿着天花顶面的轴线转入卧室，是灰色为基调的清新、通亮的视感。玻璃推拉门的隔断除了实用性能之外，还有时尚、高雅、精致的审美感。翻板床的运用既节省了面积，也增强空间的灵活性。凭借玻璃推拉门的开合以及翻板床的收起或翻下，多功能室可调整用途，可以作为书房使用，也能够具备休息的功能。

023

自然风
NATURAL STYLE

案例分析 / 案例赏析

项目信息 \ 设计理念 \ 自然色彩 \ 引景入室 \ 装饰材料

A Smart Home Talking to Nature

与大自然对话的智能家居

扫码查看电子书

项目信息 | Project Information

设计公司 / 昕益室内设计
设计师 / 沈柏勋、黄宣毓
项目地点 / 台湾新北
项目面积 / 142 m²
主要材料 / 不锈钢、实木地板、发泡水泥、硅藻土、环保漆、碳纤维、钢琴烤漆等

Design Company / C-ing Interior Design
Designer / Shen Bo-Xun, Huang Xuan-Yu
Project Location / New Taipei City, Taiwan
Area / 142m²
Main Materials / stainless steel, solid wood floor, foamed cement, diatomite, environmental protection paint, carbon fiber, piano paint, etc.

设计理念 DESIGN CONCEPT

The designer believes that reasonable moving line is the most basic requirement of the design team for spatial planning. In this case, because the owner pays more attention to the kitchen and regards it as the center of the family, the kitchen as the starting point, is designed into an open space in the moving line planning. The dining room and living room are in an open layout and able to link to the kitchen closely. Walking to each area is accessible without any barriers, and face-to-face conversation is very convenient.

设计师认为，空间规划不单单是灵感、创意、视觉美学，而是以这些为基础，运用、延伸并与空间的流畅度、功能性，甚至客户的个性与习惯相结合而成的。此外，动线合理是设计团队对空间规划最基本的要求。本案中，因为屋主对厨房较为重视，将之视为家庭中心，所以在动线规划上以厨房为出发点做成开放格局；餐厅、客厅都以开放式布局，并能够与厨房密切联动，行走到各区域的空间都无障碍，面对面交谈也非常便利。

创造情感集聚地

厨房是这个家的中心，可以说是家的情感凝聚地和第二个客厅，方正的空间可容纳四个人同时操作；加入开放式吧台，烹饪时不忘与家人互动。

碳纤维面板的耐重力强，但视觉效果非常轻薄，这种材料的使用给低调的空间注入了现代时尚；洗手台面则运用石材与铝条，显得较轻巧。炉台前贴心置入一道窗户，不仅能解决烹饪时油烟闷热的问题，还创造了仿佛置身于大自然中烹饪的浪漫情调。

一层平面图
1st Floor Plan

01 客厅 / Living Room
02 餐厅 / Dining Room
03 厨房 / Kitchen
04 玄关 / Foyer
05 走廊 / Corridor
06 更衣室 / The Dressing Room
07 储藏室 / Storage Room
08 主卧 / Master Bedroom
09 长亲房 / Elder's Room
10 儿童房 / Kids' Room
11 浴室 / Bathroom
12 客卫 / Guest Bathroom
13 设备间 / Equipment Room
14 主卫 / Master Bathroom

项目信息 \ 设计理念 \ **自然色彩** \ 引景入室 \ 装饰材料

○ 案例分析

自然色彩
NATURAL COLORS

色彩方面主要运用同种色系不同饱和度的变化来制造层次感；家具的色彩相异于建材的颜色，以呈现不同美感，如烤漆白与硅藻土白在层次上的变化，家具、地板的原木色与大自然的绿意，无不展现着现代造景与纯天然景致的完美融合，让建筑与人都回归到自然之中。

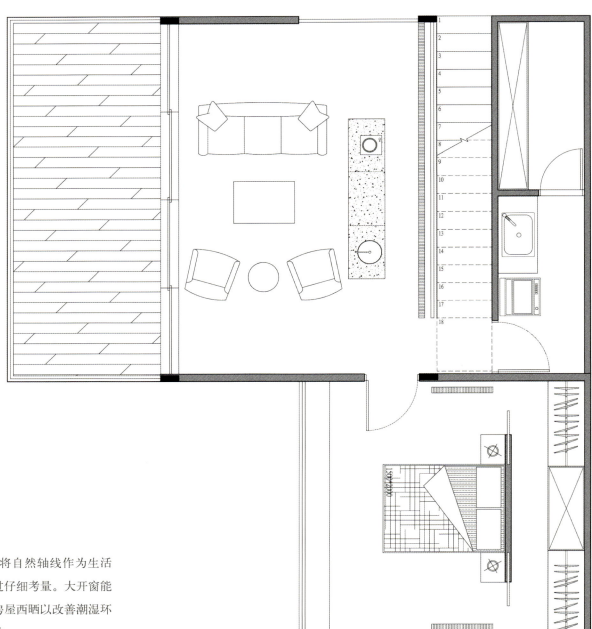

引景入室
BRINGING SCENERY INTO HOUSE

挑高天花加上落地窗，将自然轴线作为生活蓝图，所有的开窗位置都经过仔细考量。大开窗能够增加室内采光量，并利用房屋西晒以改善潮湿环境，还能感受昼夜与四季流转。

客厅的大面积开窗将室外的青山绿水框入室内，使得室内洁净时尚的配色与室外的葱绿相互衬托，相得益彰。木质材料的使用，让居室与大自然产生联系，室内外情境相呼应之余给人"悠然见南山"的闲适之感。

天然氧吧

二楼被打造成休闲气氛的交谊厅，整体也是森林系的配色，地面深色木地板创造出沉稳亲和的效果。朋友来访可在此泡茶、聊天；天气晴朗时将落地窗敞开，空间瞬时成为天然氧吧，让家里与外界融为一体。

为顾及建筑的地理条件——山上较为潮湿，客厅地面使用发泡水泥吸收水汽，同时使用硅藻土墙面，加入环保漆做出跳色，两种材料都能达到吸收湿气的效果，加强防潮。

在开放式空间中，客厅、厨房与二楼空间都相互联系；配置智能家居系统，整合语音操控、气窗对流调节和湿度控制等先进科技，在不同温度及湿度环境下自动调配相应模式。系统有三种智能模式：外出、在家及气氛，依照需求创造不同情境，极大地丰富了"家"这个生活空间的功能性。

名称	性能	搭配
 硅藻泥	一种以硅藻土为主要原料的内墙环保装饰壁材，色彩柔和、质地轻柔，具有天然泥触感；着水不花色、不流泥，遇水吸水、遇火不燃，且不具异味。	室内大部分墙面涂了白色硅藻泥，健康环保，让室内更有大自然的气息；并能够有效吸收水汽，调节室内干湿度。
 碳纤维面板	碳纤维面板是将碳素纤维用树脂浸润、硬化后形成的碳纤维板材。碳纤维板材具有拉伸强度高、耐腐蚀性、抗震性、抗冲击性良好等特点。	厨房吧台使用了碳纤维面板，其耐重力强，但不厚重，视觉效果非常轻薄，这种材料的使用给低调的空间注入了现代时尚。
 发泡水泥	发泡水泥是利用发泡机、泡沫与水泥浆混合等一系列工序将水泥浇筑成型，经自然养护所形成的一种含有大量封闭气孔的新型轻质保温材料。它属于气泡状绝热材料，突出特点在于混凝土内部形成封闭的泡沫孔，使混凝土轻质化和保温隔热化。	设计师运用发泡水泥做地板，使地板具有良好的触感，吸收空气中的水汽，调节室内湿度，还能有效提高隔音效果。
 拼接实木地板	天然木材加工而成的地板材是热的不良导体，具有亲和的触感。使用实木地板，应注意防潮防虫，按时保养。	木材的天然纹理是很好的装饰元素，本案中大量运用实木地板，以不同木材、不同颜色、不同拼接形式区分不同机能空间，自然纯粹且不失个性化。
 钢琴烤漆	钢琴烤漆是烤漆工艺的一种，工序复杂，成本高昂。钢琴漆是一种高光不饱和聚酯漆，其有高光镜面效果，致密性和稳定性要远远优于普通喷漆。	室内许多柜体使用钢琴烤漆工艺，使得物件明亮光泽，保证实用性、方便清洁的同时增加美感，让室内气质极具现代时尚感。

案例赏析

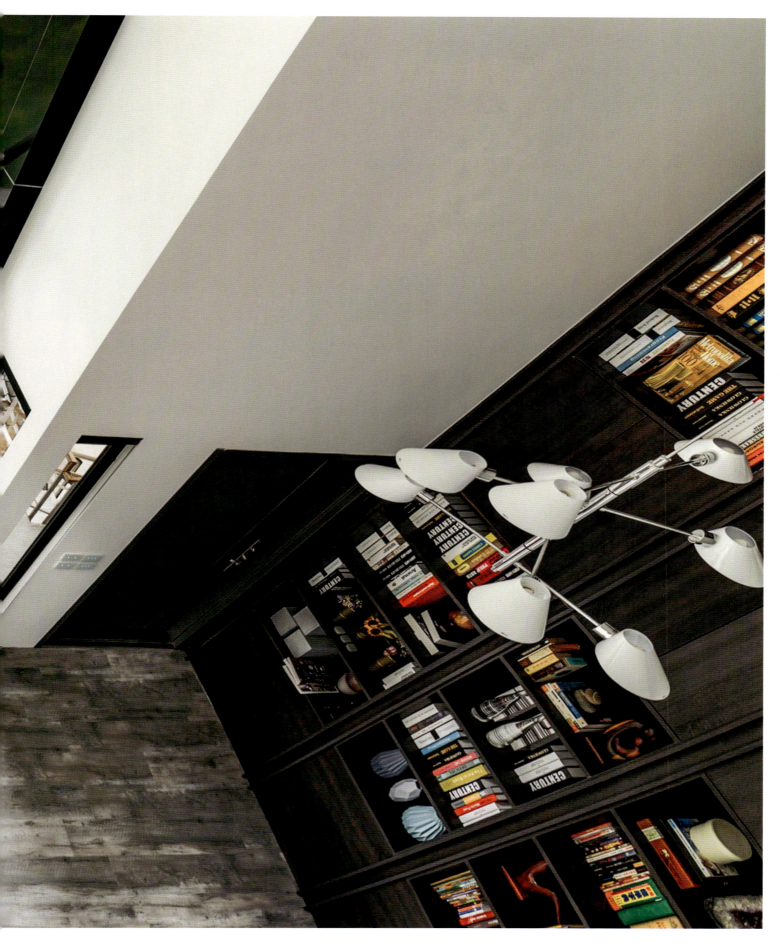

配置智能家居系统

　　智能家居系统（Smart Home）是利用先进的计算机技术、网络通讯技术、智能云端控制、综合布线技术、医疗电子技术等，依照人体工学原理，融合个性化需求，将家居生活的各个子系统，如安防、灯光控制、信息家电、场景联动、卫生防疫、空气净化和室温调节等有机结合在一起，通过网络化综合智能控制和管理，实现自动化全新家居生活体验，让家更舒适方便、安全智能、环保健康。

　　居者重视健康生活和家人之间的情感交流，安装智能家居系统为一个家设计多种情景模式，丰富生活体验，更优化了生活质量。

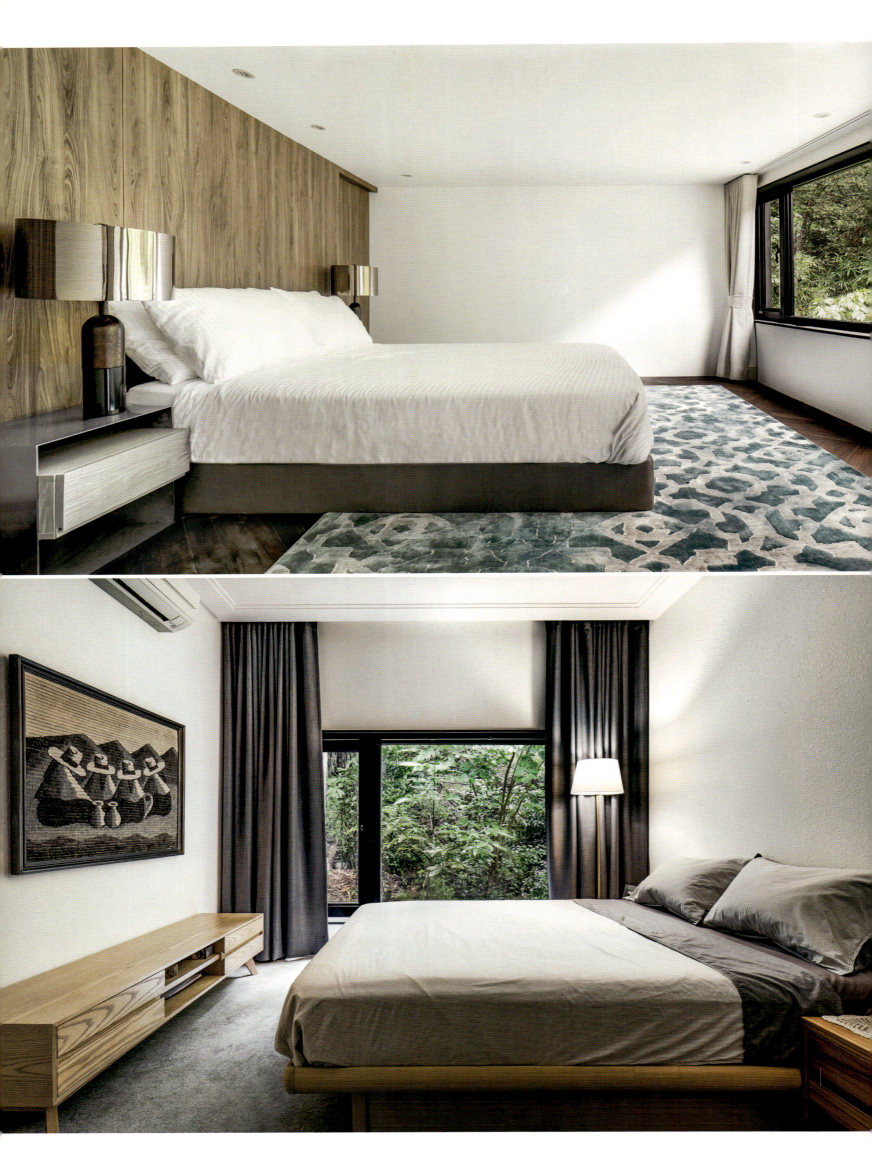

引景入室

自然风 NATURAL STYLE

案例分析 / 案例赏析

Secret Place at the Corner

转角秘境

项目信息 | 设计理念 | 装饰材料 | 空间规划

扫码查看电子书

项目信息 | Project Information

设计公司 / 深度空间设计
设计师 / 苏炯旭
项目地点 / 台湾嘉义
项目面积 / 室内约 773 ㎡，室外约 234 ㎡
主要材料 / 钢骨、灰雕大理石、桧木、香杉、云杉、白鸡翅、柚木、后制清水模、烤漆钢板、全屋情境系统、智慧防爆门、西班牙复古砖、灰玻、茶玻等
摄影师 / 简仁一

Design Company / Deep Space Design
Designer / Su Jiong-Xu
Project Location / Chiayi Taiwan
Area / 773m²(indoors), 234m²(outdoors)
Main materials / iron, marblestone, cypress, cedar, spruce, white door frame, teakwood, water mould, baking steel plate, whole room house scenario system, Spanish antique brick, grey glass and tawny glass etc.
Photographer / Jian Ren-Yi

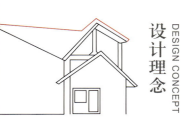

设计理念 DESIGN CONCEPT

This private house locates in the corner of heavy traffic on the street. How to keep quiet in a noisy neighbourhood and protect the owner's privacy can be huge issues. The designer bravely designs all the main windows and doors to open to the atrium and builds a private garden which achieves many things at one stroke-it not only ensures basic needs of lighting and ventilating but also protects privacy.

The grey and white tones indoor are also very inclusiveness. It gives the soft-decoration more room to play, and it uses many wooden materials so that it has a more natural temperature.

　　私宅座落于车水马龙的市区角地,如何闹中取静,保证居者的生活隐私?设计师非常大胆地将所有室内主要的门窗开向建筑中庭,在建筑中庭打造一座私家花园,如此便能保证通风、采光,还能保护更多隐私,一举多得。

　　室内灰白基调非常具有包容性,给软装色彩充分的发挥空间,而大量木材的使用让家有了自然温度。

案例分析

　　建筑外墙用文化石堆砌凹凸肌理墙面,塑造了别具日式韵味的建筑外观。客厅做得十分气派,挑高天花加上灯槽和照明设计,增添了空间纵向层次;深灰色花岗岩石墙面让平面具有深邃感和苍劲感,工业风铆钉家具更渲染了空间的豪迈气质。

　　室内地面灰调大理石的自然纹饰,仿佛自由挥洒的水墨,给人磅礴而自由的空间体验感,灰色空间中应用了许多木质家具,恰到好处地点染家的温暖。

　　室内大面积开窗让住宅视野更加通透明亮,独具现代时尚气质,也是引景入室,让人心旷神怡。

装饰材料 DECORATIVE MATERIALS

名称	性能	搭配
板岩文化石墙 	板岩非常耐磨,作为一种文化石通常贴于园林墙面、建筑外表等;用于室内则能给室内增加光影变化,增加室内的灵气与意境,给室内一派自然气息。	板岩以其本身具有的粗糙纹理、古朴沧桑的质感,高低起伏,层层排列,给人一种雄浑的安全感。

名称	性能	搭配
 花岗岩文化石墙	花岗岩是深层岩，石材具有矿物颗粒，硬度高，耐磨性佳，不易风化；且颜色美观，外观色泽可以保持百年以上，是室内外装饰的良好用材，也是露天雕刻的首选之材。	一整面深色岩石墙面加深了客厅的视觉深度，结合盆栽、花艺，让客厅具有极好的观赏性。
 柚木桌	柚木具有光泽，材色均匀，纹理通直，是世界著名的名贵木种。柚木光泽亮丽如新，花纹美观，是制造高档家具、地板、室内外装饰的良材；稳定性好，变形性小，耐腐、耐磨，甚至是造船、桥梁的绝好木材。	完整的柚木长桌给室内增加了来自大自然的奢华气派，增加室内的文化底蕴，彰显居者身份。
 灰玻	属于吸热玻璃，通过在玻璃原料中加入着色剂而制成的本体着色玻璃，能够很好地阻挡阳光和太阳能。	应用灰玻和茶玻，为室内隔绝炎热季节来自室外的酷热，降低室内温度，环保节能，同时还具有良好的装饰效果，增加住宅的时尚气质。
 实木镶嵌艺术墙	实木镶嵌的墙面对室内干湿度有一定的调节作用，并具有隔音功能。	设计师别出心裁，将木块凹凸不平地镶嵌在墙面，在灯具的装点下呈现丰富的光影效果；其参差不平的表面丰富了空间节奏，更真实地赋予了室内自然气息。
 西班牙仿古砖	仿古砖通常是一种釉面瓷砖，复古的纹样和做旧的效果，让空间呈现岁月沧桑感和历史厚重感，营造出怀旧情调。	中庭花园的泳池，因为贴地的是仿古砖，无声中为庭院增加了异国情调。

空间规划
SPACE PLANNING

　　为了大幅提高居所的隐私性，同时保有良好的采光、通风、景深条件，设计师大胆提出"内景植入"概念，即打造一座鸟瞰为"口"形的三层楼建筑物，将原本应该环抱独栋住宅的前庭后院，集中至中央留空的天井位置，将建筑规划成一座私人住宅——独享大树绿荫扶疏摇曳的中庭水景泳池花园。

　　如此一来，可使室内实用面积增加，大型落地玻璃帷幕全开在自家中庭；建筑外观则流露现代日式风韵，只需要计划性地开一些带状长窗补充室内采光即可；另一方面形塑出建筑活泼且不失沉稳、安定的几何印象，同时避免路人或邻宅可能窥伺隐私的弊端，有效捍卫私人宅邸的高度私密性。

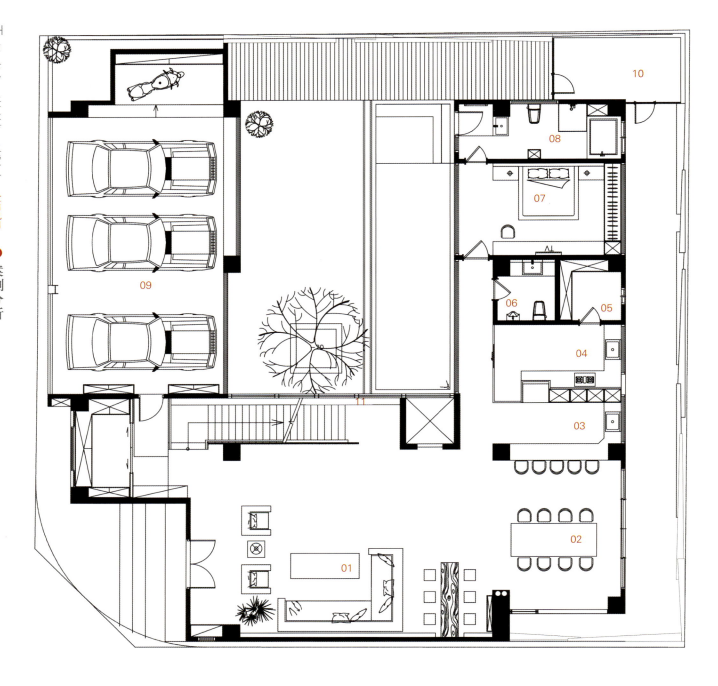

一层平面图
1st Floor Plan

01 客厅 / Living Room
02 餐厅 / Dining Room
03 外厨 / Outer Kitchen
04 内厨 / Inner Kitchen
05 储藏室 / Storage Room
06 客卫 / Guest Bathroom
07 卧室 / Bedroom
08 卫浴 / Bathroom
09 车库 / Garage
10 机房 / Computer Room
11 帷幕玻璃墙 / Glass Curtain Wall

二层平面图
2nd Floor Plan

01 会议室 / Meeting Room
02 视听室 / Audio-visual Room
03 女儿房 / Daughter's Room
04 卫浴 / Bathroom
05 佣人房 / Maid's Room
06 男孩房 / Boy's Room
07 衣帽间 / Walk-in Closet
08 阳台 / Balcony
09 露台 / Terrace

三层平面图
3rd Floor Plan

01 起居室 / Lounge
02 洗衣房 / Laundry
03 露台 / Terrace
04 主卫 / Master Bathroom
05 衣帽间 / Walk-in Closet
06 主卧 / Master Barthroom
07 书房 / Study Room
08 运动房 / Sports Room

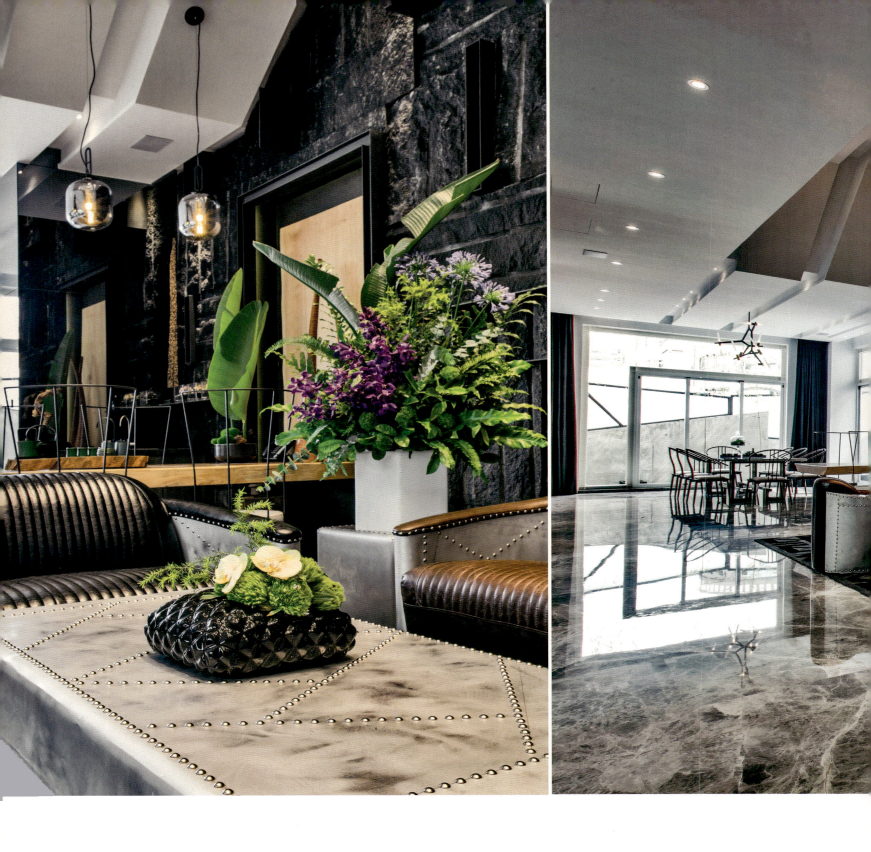

丰富的照明设计

　　设计师为室内人工照明选择了多种灯具。以公共空间为例，以内置射灯为主要光源，设计凹槽以增加照明光影，丰富天花的视觉美感；不同机能空间选用不同的吊灯作主灯，利用不同灯具造型的装饰作用，分别渲染出不同的空间氛围。

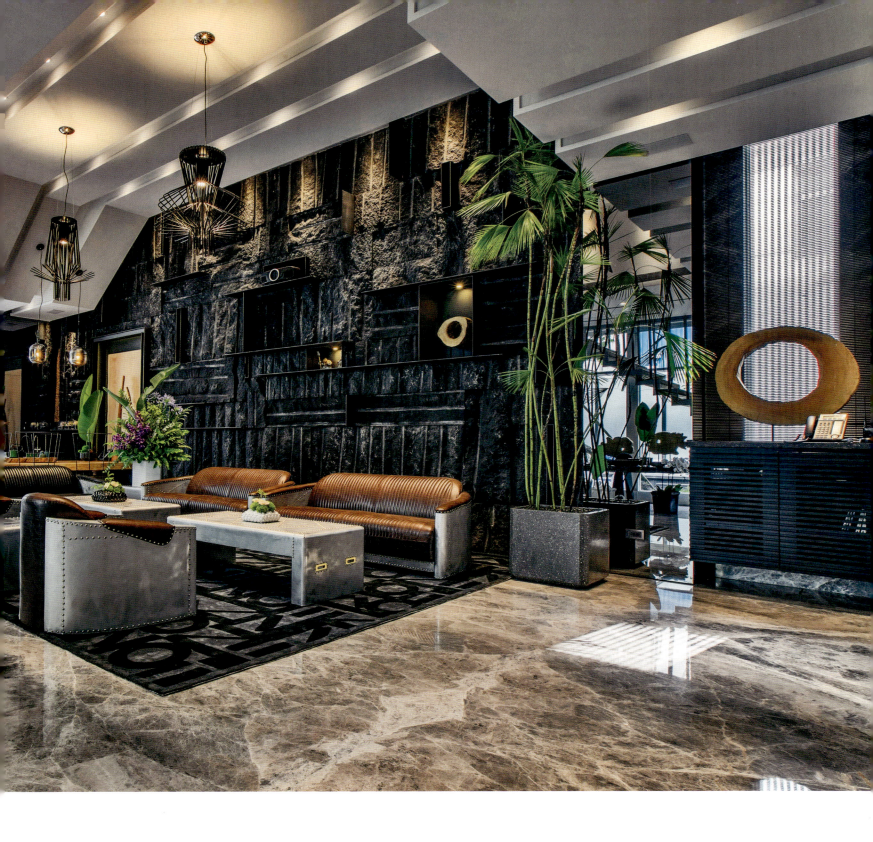

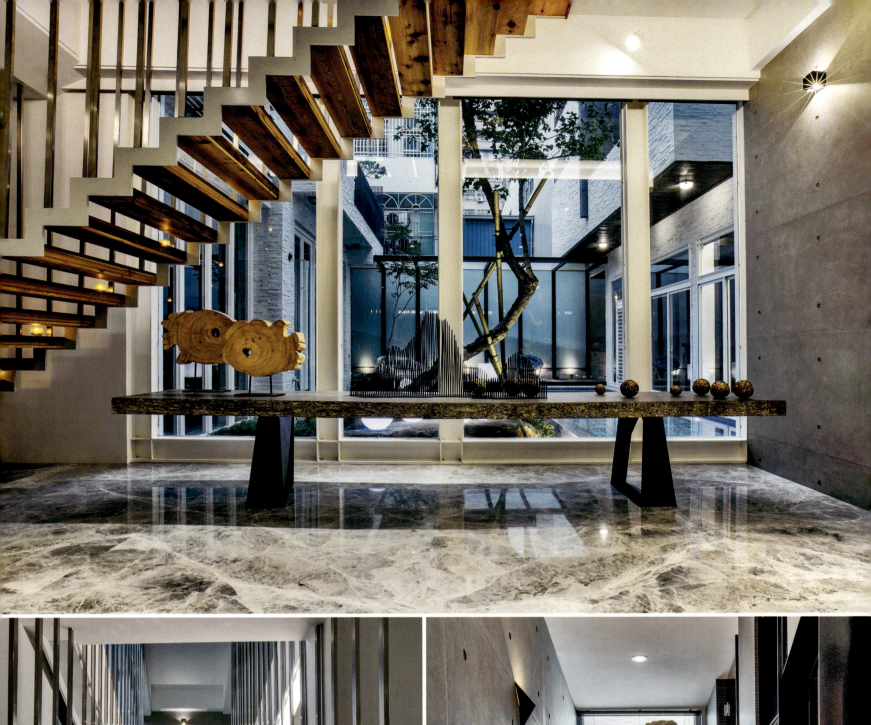

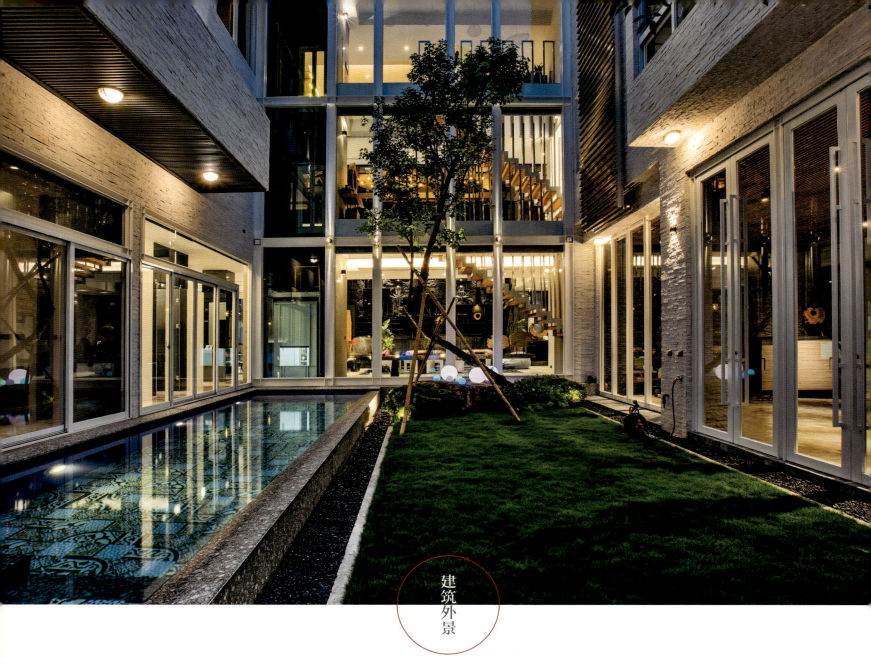

建筑外景

建筑灯光设计

在建筑外墙和中庭花园设计建筑照明，运用局部透光照明和内透光照明设计，烘托建筑的夜间形态。另外，利用自然内光外透，让建筑外墙的条形开窗在夜晚显得十分灵动，也让整栋住宅非常轻盈且具有艺术感。

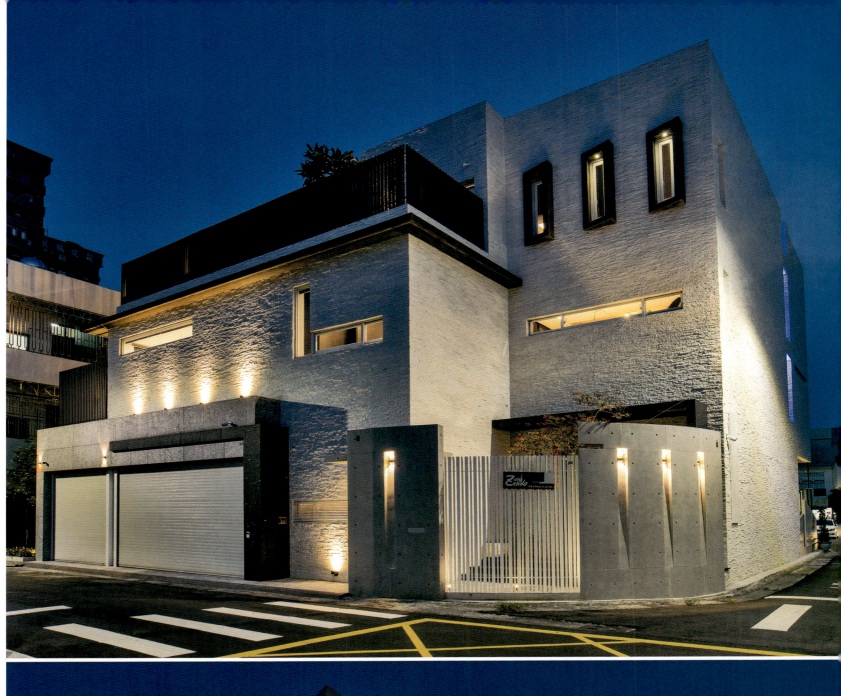

自然风
NATURAL STYLE

案例分析 / 案例赏析

项目信息 ＼ 设计理念 ＼ 空间规划 ＼ 引景入室 ＼ 装饰材料 ＼ 自然采光

Forest and Greenery

森林上，绿光下

扫码查看电子书

项目信息 | Project Information

设计公司 / 创研空间
设计师 / 何俊宏
项目地点 / 台湾台北
项目面积 / 545 m²
主要材料 / 木纹砖、大理石、柚木皮、柚木实木木地板、橡木木皮、壁纸、磁砖等
摄影师 / Kuomin Lee

Design Company / Creative + Think Design Studio
Designer / Arthur Ho
Project Location / Taipei, Taiwan
Area / 545m²
Main Materials / wooden tile, marble, teak leather, teak solid wooden floor, oak wood veneer, wallpaper, tiles, etc.
Photographer / Kuomin Lee

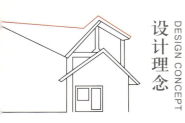

设计理念
DESIGN CONCEPT

项目信息 \ **设计理念** \ 空间规划 \ 引景入室 \ 装饰材料 \ 自然采光

◉ 案例分析

Located in the prime suburban villa area of Taipei, the three-storey building, which was built 50 years ago, faces northward. The northern front is 9m and the western side, 18m. There is free space on the northern, western, and eastern side of the residence. However, the southern side comes in close contact with the neighboring building. Walls were built on four sides of the property. Outside of the northern and western walls are roads, and the eastern and southern sides are in contact with the building. Because the children of the family have grown up and had their own families, the owners intend to modify their residence to meet the requirements of their retired living style. Since a certain area of the residence is too close to the neighboring building, the owners intend to improve their privacy by increasing the distance between the building and the one next to it. The designer uses the subtraction philosophy to create a simple and blank space, filled with organic green color plants and black music records so that the living returns to the simplest style.

　　住宅位于台北近郊别墅区，是一座有50年屋龄的三层长形建筑物，坐南朝北，面北向宽9m，面西向长18m。建筑物外，北、西、东三向有深浅不一的腹地，南向与邻栋紧邻；四向都有围墙，围墙外北、西两向临路，东南两向临房。因子女陆续成家，自组家庭，男女主人希望以两个人的退休生活为需求进行空间调整。

　　此外，别墅区部分栋距近，主人希望增加其与邻栋的隔离，达到空间隐私的目的。设计师利用减法哲学，空间设计成以简洁留白为主，让生活充盈绿意与黑胶唱片，回归简单。

闲适客厅

　　植生墙、后院水池及草皮绿意、室内水草缸以及石片围墙形成空间的另一皮层，延伸视觉，放大空间，在这些中间的区域是用于招待来访亲友的公共空间即客厅。被绿意包覆的室内空间，创造出闲适的退休生活氛围。

挑空结构串联空间

　　挑空从一楼贯穿至三楼，将整个建筑和功能区连接得更自然且显得敞亮，突出房子的空间感和舒适性。

通透主卧

　　黑胶唱片收藏区旁的音响室可谓是主人的精神灵魂载体，而往三楼主卧的钢结构楼梯就在其侧。主卧通过落地玻璃与下层开放空间连结，并在一侧延伸出露台，由一座户外钢结构楼梯串连至音响室，一内一外两座楼梯连接私密区最重要的两个空间，带来一种环环相扣的联系感与整体感。

在过去的不同时间段，房子因主人的不同需求而被以不同方式使用。如今，设计师根据主人退休生活的需求，将地下一层改为车库、酒窖和机房，地上一层以客厅、餐厅、轻食区、花园为主，二层以视听室、黑胶收藏区、次卧、户外小木屋为主要功能，三层则作为主卧、户外露台等使用，凸显房子的休闲功能和氛围。

在建筑东侧，植入一个9m(L)*3m(W)*6m(H)的块体，形成动线枢纽，设计一个新的入口玄关区与通向二楼的旋转楼梯，使室内空间变得宽敞并易于变化。

空间规划
SPACE PLANNING

负一层平面图
B1 Floor Plan

01 车库 / Garage
02 酒窖 / Wine Cellar

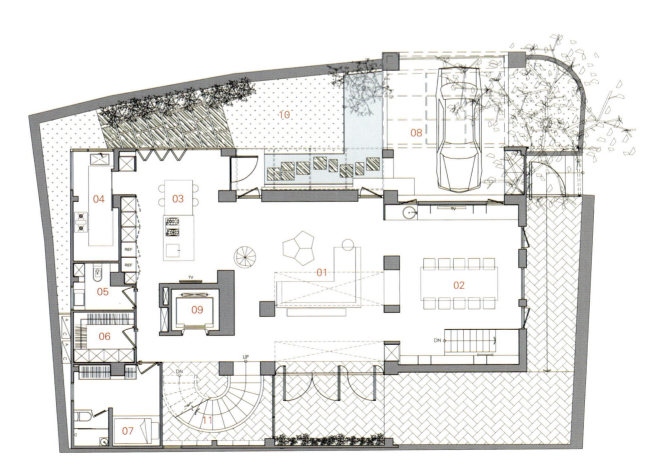

一层平面图
1st Floor Plan

01 客厅 / Living Room
02 餐厅 / Dining Room
03 烹饪台 / Cooking Table
04 中厨 / Kitchen
05 公卫 / Public Toilet
06 衣帽间 / Walk-in Closet
07 卧室 / Bedroom
08 车库 / Garage
09 电梯间 / Elevator Room
10 庭院 / Courtyard
11 楼梯 / Staircase

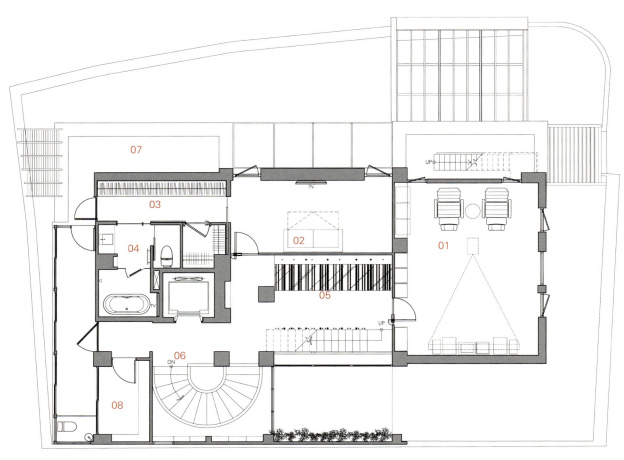

二层平面图
2nd Floor Plan

01 影音室 / Home Theatre
02 贵宾室 / Guest Room
03 衣帽间 / Walk-in Closet
04 卫浴 / Bathroom
05 黑胶收藏区 / LP Collection
06 楼梯 / Staircase
07 阳台 / Balcony
08 储藏室 / Storage

项目信息＼设计理念＼**空间规划**＼引景入室＼装饰材料＼自然采光 ● 案例分析

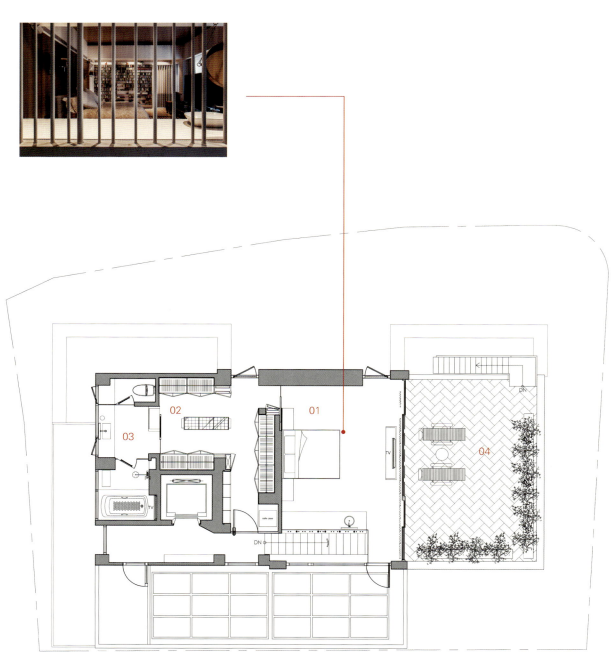

三层平面图
3rd Floor Plan

01 主卧 / Master Bedroom
02 衣帽间 / Walk-in Closet
03 主卫 / Master Bathroom
04 露台 / Terrace

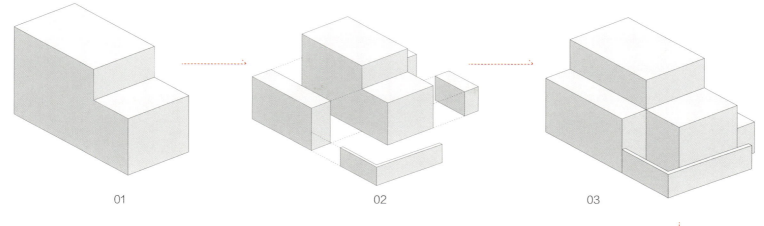

01　　　02　　　03

●概念发想图

引景入室
BRINGING SCENERY INTO HOUSE

新入口玄关区一侧设计了高达6m的植生墙，仿佛一座垂直森林，是与植入块体相连的各楼层区域的视觉焦点，不仅动线由此展开，还构成了旋转楼梯和植入块体相连的原建筑物二层空间的内景；与后院相邻外墙的下方形成虚化，视觉可以延伸至后院，并增加原围墙高度，打造出了绿意环绕建筑物的向内景观，达到与邻栋的隔离，增强空间的隐私性。

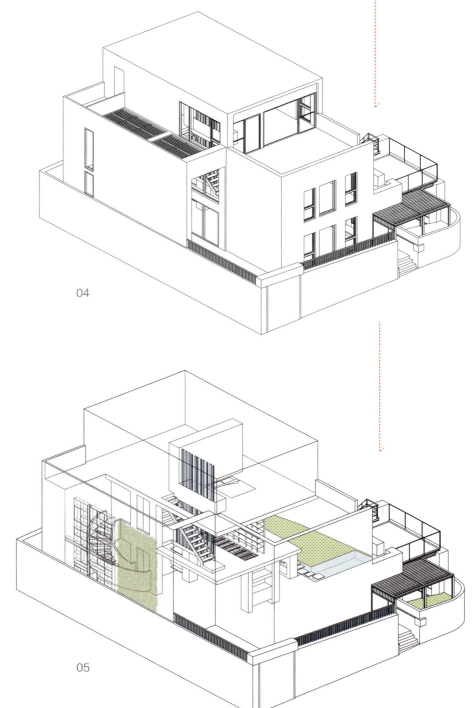

04

05

项目信息 \ 设计理念 \ **空间规划** \ **引景入室** \ 装饰材料 \ 自然采光　● 案例分析

装饰材料
DECORATIVE MATERIALS

项目信息 / 设计理念 / 空间规划 / 引景入室 / **装饰材料** / **自然采光**

● 案例分析

名称	性能	搭配
 木纹砖	表面呈现天然木纹纹理图案的陶瓷砖，分为釉面砖和劈开砖两种，是一种新型环保建材。具有耐磨、耐腐蚀、防水、不褪色、易清理、使用寿命长和适用范围广等优点，缺点表现为脚感较实木差、纹理偶尔重复和较难修理。	在家人的共享空间如户外植生墙区域，铺设木纹砖，营造木板给人自然朴实的视觉体验，与阳光、绿植共处则为这个环境带入十分贴切的自然意境。
 柚木实木木地板	以柚木为原木，经烘干、加工后形成的地面装饰材料。柚木被誉为"万木之王"，是公认的最好的地板木材，具有稳定、耐磨、防潮、防腐、防蛀、防酸、防碱等特点。	高品质的柚木实木地板手感光滑，脚感舒适，油润的色泽高贵华丽，具有优异的装饰效果。
 橡木木皮	以橡木为原料，经过解剖、蒸煮、干燥等加工工艺做成的薄木，是一种贴面材料，耐磨、韧性高、色泽感好、观赏性强，常见于中高档的家具。	选择橡木木皮家具，其饱满、天然的颜色表现家居的质感，也与整体空间的自然、木调保持一致。

室内采光以块体顶面的玻璃天光为主。天光肆意洒落在植生墙、旋转楼梯还有壁面不同的材质上，提供了植物生长需要的日照，引进自然光到室内，更提供了空间氛围需要的光影变化。

自然采光
NATURAL LIGHTING

○ 案例赏析

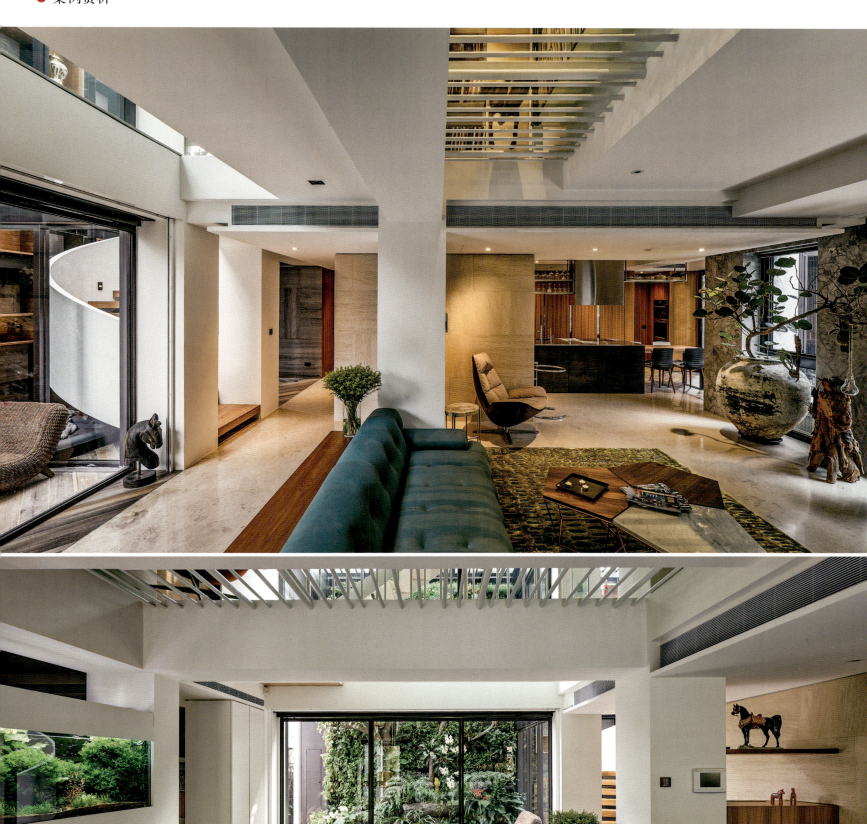

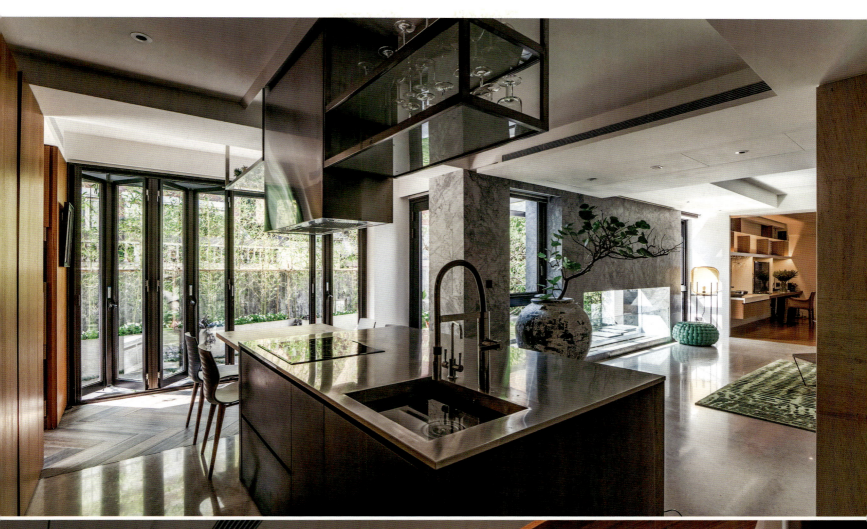

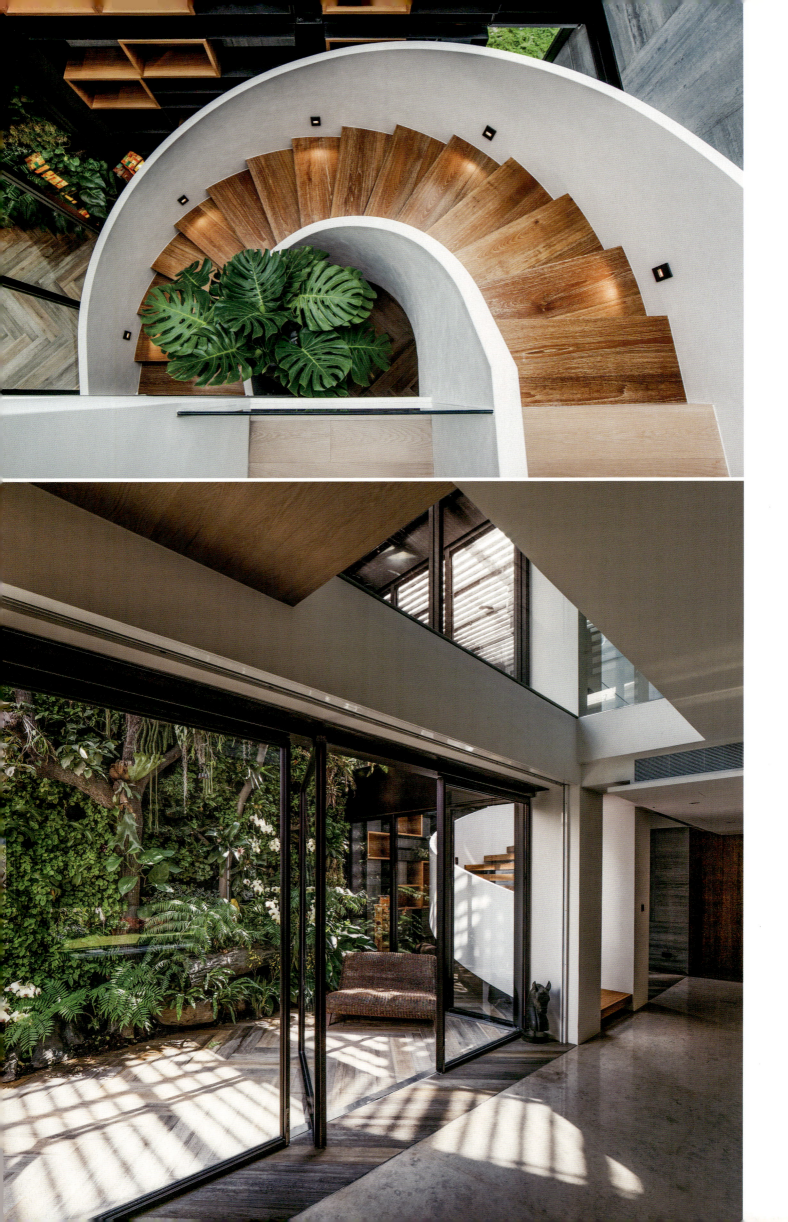

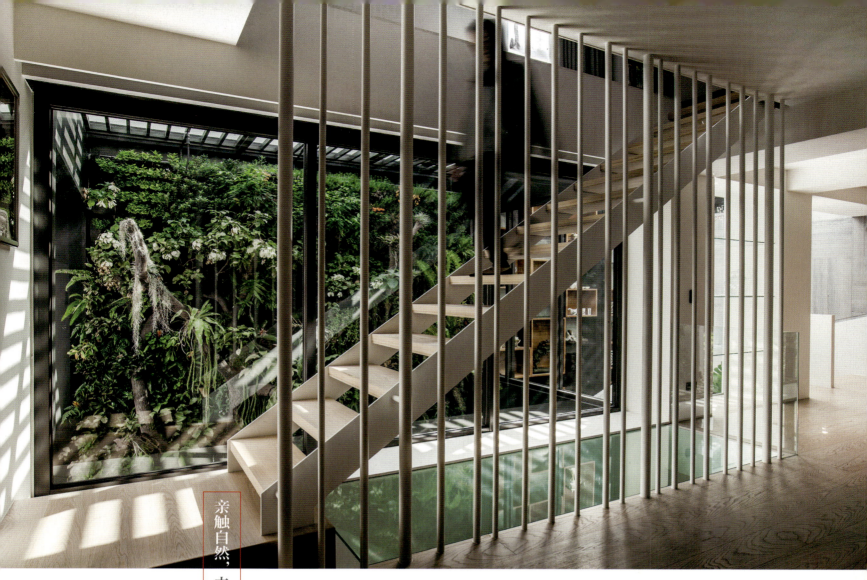

亲触自然，丰盈生活

漫步空间，每时每刻都可感受到自外而内的蓬勃绿意，与大自然共生。而旋转楼梯、铁艺格栅受其影响，则开始产生乐感和诗意。在光影的指挥之下，诗歌和乐章有序朗诵或奏响，完成关于家的美妙畅想。

开放式黑胶收藏区

一楼和二楼的楼梯间,黑胶唱片收藏区以开放、挑空的手法与植入的H形钢结构块体连结,而块体顶盖是玻璃,有天光洒落,适度地满足了这部分空间的采光要求。

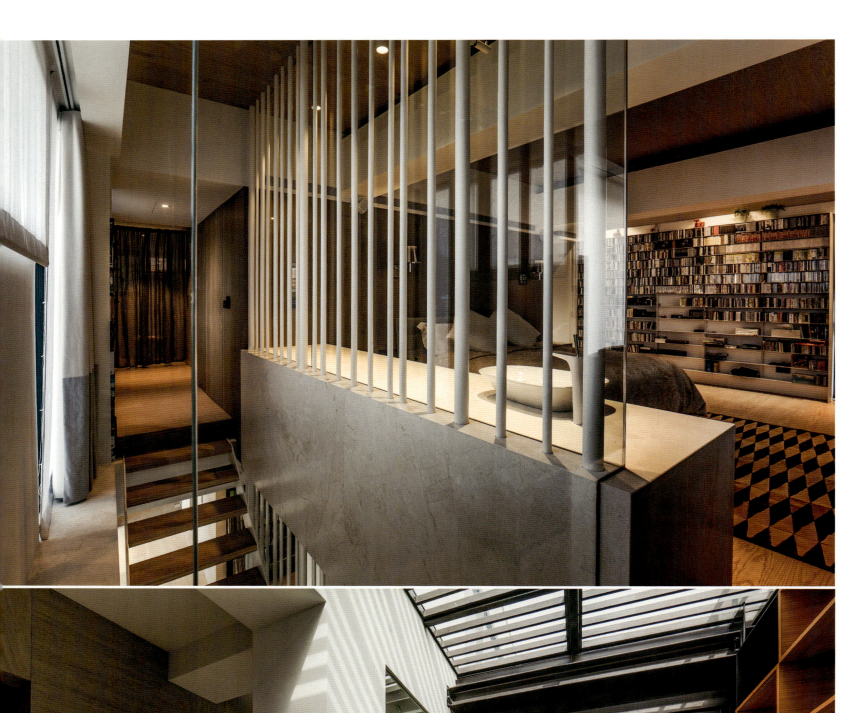

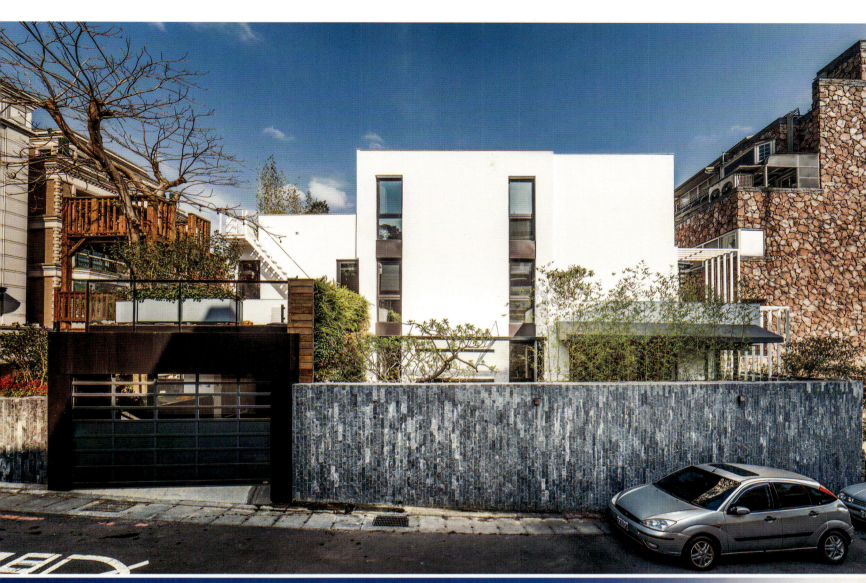

自然风 NATURAL STYLE

项目信息 ＼ 设计理念 ＼ 照明设计 ＼ 自然采光 ＼ 装饰材料

案例分析 / 案例赏析

The Courtyard of the Sky

天空的院子

扫码查看电子书

项目信息 | Project Information

项目名称 / 树荣 范公馆
设计公司 / 子境室内装修设计工程有限公司
设计师 / 古振宏
项目地点 / 台湾台中
项目面积 / 330 m²
主要材料 / 烤漆、清水模、铁件、实木贴皮、风化石、风管、石材等
摄影师 / 吴启民

Project Name / Fang's Mansion
Design Company / Zinarea Interior Design
Designer / Gu Zhen-Hong
Project Location / Taichung, Taiwan
Area / 330m²
Main Materials / stoving varnish, clear water mould, iron, solid wood veneer, wind fossils, cucts, stone, etc.
Photographer / Wu Qi-Ming

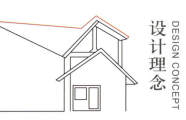

设计理念
DESIGN CONCEPT

This case is located in a new residential area along the expressway, mainly composed of male and female owners and owners' parents. The designer uses the exposed air pipes, gray weathered brick walls, a large facade of imitated surface clear water mold wall to connect the whole atmosphere of this case; the allocation of stone flooring and soft decoration tries to create a different residential atmosphere from the general industrial style.

本案位于快速公路边的新兴住宅区，居住成员主要为男女主人及其父母。设计师利用裸露的风管、灰阶的风化砖墙、大面的仿脱模面清水模墙串联本案整体氛围；石材地板与软装的搭配试图营造出不同于普遍工业风格的住宅氛围。

项目信息＼**设计理念**＼照明设计＼自然采光＼装饰材料

● 案例分析

● 平静中制造波澜

● 线条与色彩

平静中制造波澜

空间加入不少绿植盆栽，改善室内环境，既给平静的灰色空间增加撞色的激情，也给粗犷的工业风加入自然的柔情，像平静的阴天露出了片片蓝天，平静中有星星点点的愉快。

线条与色彩

空间中拼接出许多粗线条，纵横之间不失秩序，配合裸露的风管创造出具有力量感的工业风；平静中性的灰调与极具亲和感的木原色搭配出最富自然气息的空间氛围。在粗线条与中性色系的相互配合下，打造的是一处坚毅与柔情并存的风格家居。

客厅天花板利用轨道灯创造工业风的金属感，设计师加入木元素，温润了冷厉的混凝土空间。

除了局部地区利用灯具做装饰作用外，空间中尽量弱化光源的存在感，而高频使用的区域在灯效上做重点突出；其次注重明暗搭配，给夜间的家增添层次感。

照明设计
LIGHTING DESIGN

项目信息 \ 设计理念 \ **照明设计** \ 自然采光 \ 装饰材料

● 案例分析

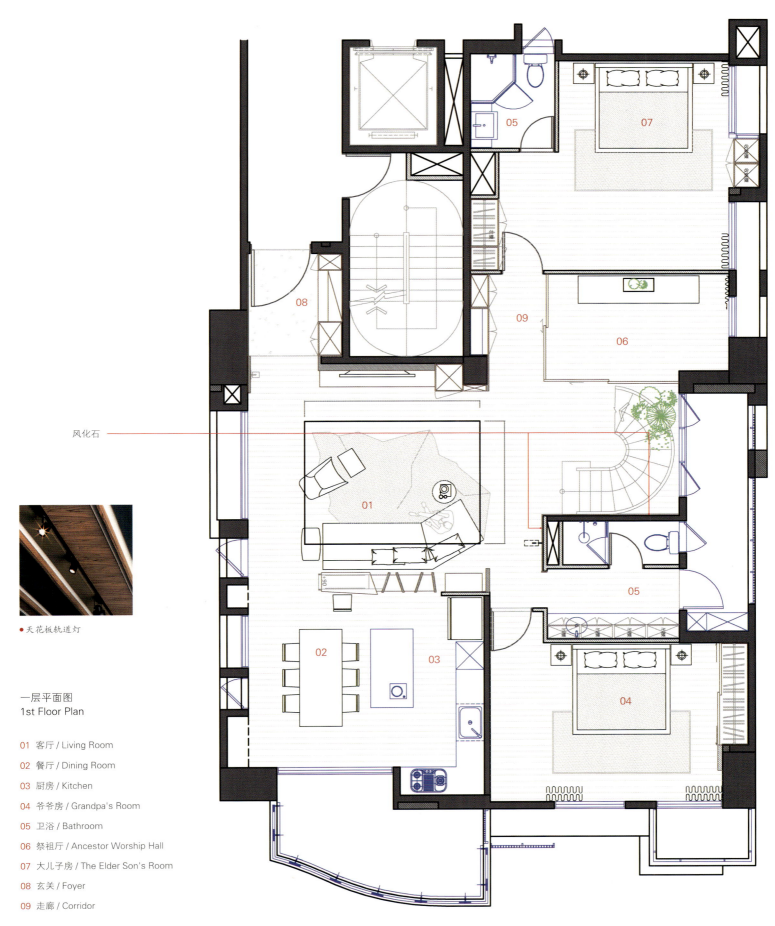

风化石

● 天花板轨道灯

一层平面图
1st Floor Plan

01 客厅 / Living Room
02 餐厅 / Dining Room
03 厨房 / Kitchen
04 爷爷房 / Grandpa's Room
05 卫浴 / Bathroom
06 祭祖厅 / Ancestor Worship Hall
07 大儿子房 / The Elder Son's Room
08 玄关 / Foyer
09 走廊 / Corridor

自然采光
NATURAL LIGHTS

建筑开窗面积大,最大程度地引进自然光,给居室时尚的现代感。楼梯处兼具采光天井的作用,给居室内部注入了光照与自然活力。

项目信息／设计理念／照明设计／自然采光／装饰材料

● 案例分析

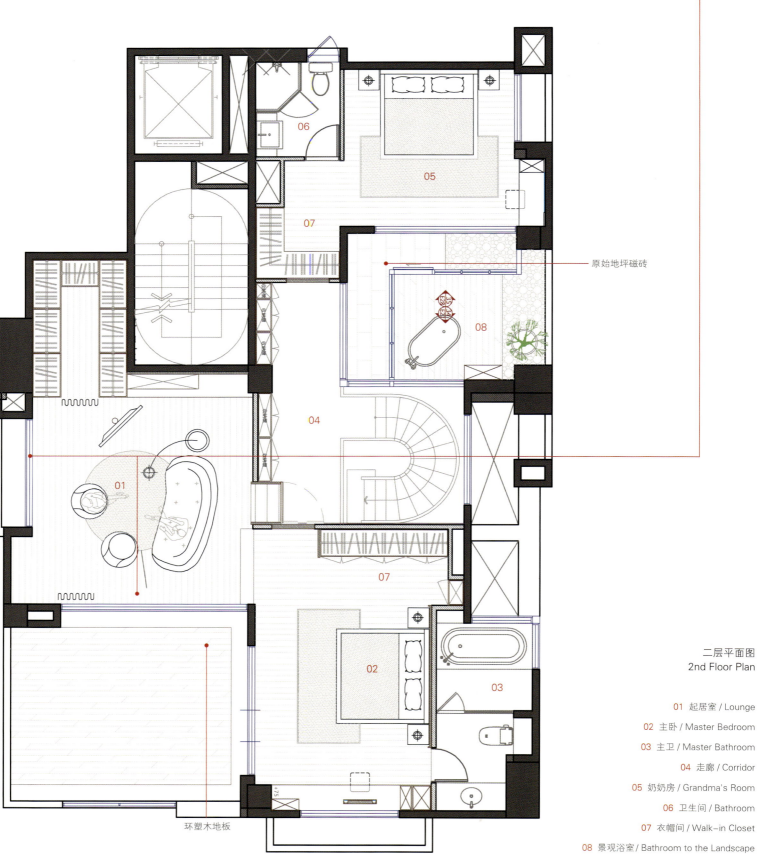

原始地坪磁砖

环塑木地板

二层平面图
2nd Floor Plan

01 起居室 / Lounge
02 主卧 / Master Bedroom
03 主卫 / Master Bathroom
04 走廊 / Corridor
05 奶奶房 / Grandma's Room
06 卫生间 / Bathroom
07 衣帽间 / Walk-in Closet
08 景观浴室 / Bathroom to the Landscape

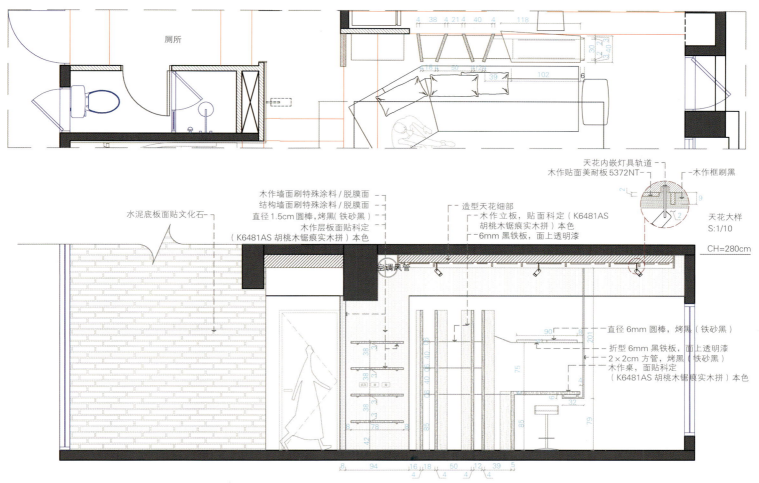

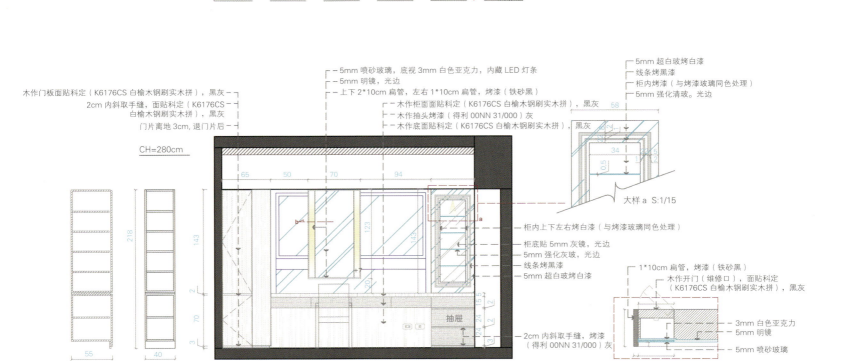

装饰材料 DECORATIVE MATERIALS

在场域规划上，设计师利用木作斜板式样结合铁件做成屏风分隔客厅与餐厅；电视墙使用脱模式样的特殊涂料，灰色涂料与整体空间保持一致色系，同时创造了出色的视觉延伸感；灰阶的风化石与刻意裸露的风管营造出业主喜爱的重工业风格；一旁侧墙的白纱与木格栅式的天花则为空间添加了几分柔和，塑造符合业主个性和期待的现代都市感住宅。

案例分析

	名称	性能	搭配
	仿脱模面清水模墙	又称清水混凝土，指混凝土灌浆凝固拆模后，不需要二次抹灰，不做额外装饰。清水模具有耐腐蚀、保温性能和施工性能好等特点。	以其粗糙简陋的表面塑造了一个冷硬、素净且个性十足的空间环境。
	风管	—	设计师别具特色地将风管作为装饰元素布置在客厅天花上，裸露的风管创造出具有力量感的工业风。
	风化石	风化石是现代建筑设计常用的一种文化石之一，有人造石和天然石两大类，石材坚硬，色泽鲜明、纹理丰富、风格各异，具有耐火耐腐蚀、抗压耐磨等特点。	灰阶的风化石布置在透光天井中，结合阳光与刻意裸露的风管一同营造出业主喜爱的重工业风格。
	胡桃木贴面木作	巧克力色的胡桃木贴面木作，表面具有胡桃木的粗糙直纹，光泽饱满、色彩厚重。	木作以其浓烈的自然色彩和质感在空间中起到缓和气氛的作用，为重工业气氛的室内空间增加柔和亲切感。

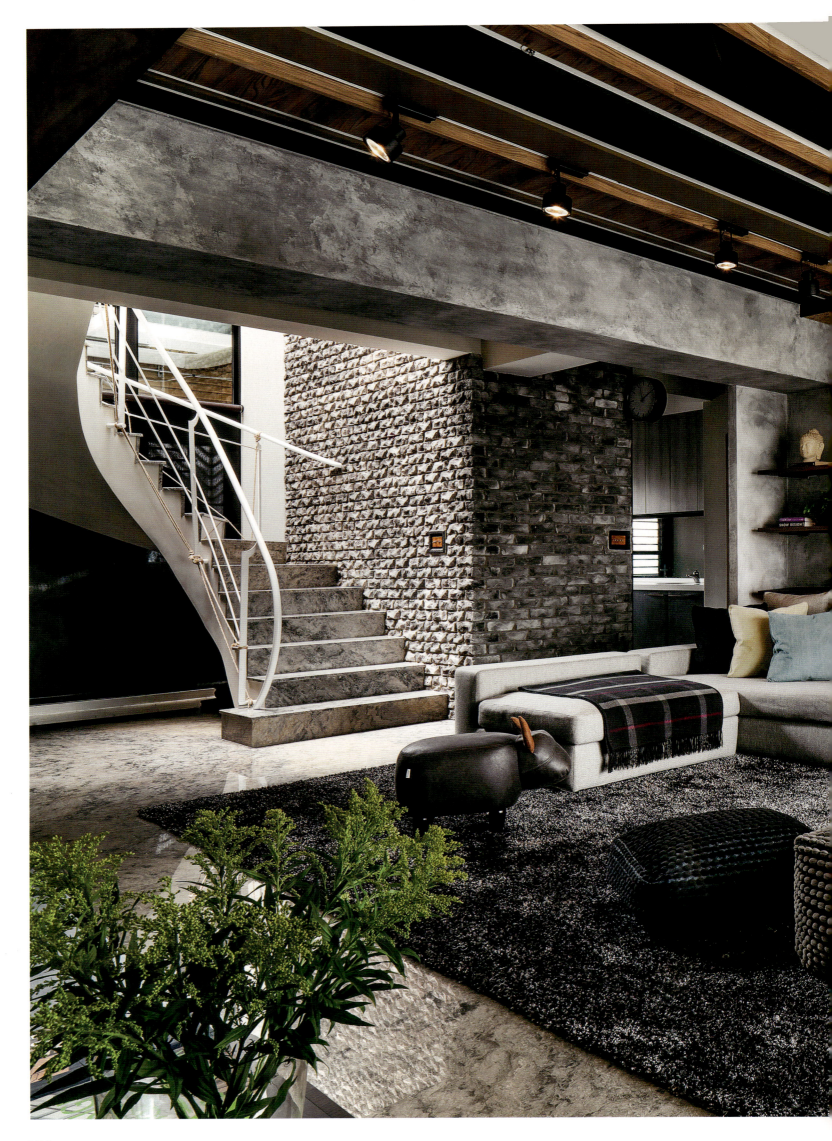

自然风
NATURAL STYLE

案例分析 / 案例赏析

项目信息 / 设计理念 / 装饰材料 / 空间规划 / 空间照明

"Din-a-ka"— A Prolonging of Memories

亭仔脚——生活记忆的延续

扫码查看电子书

项目信息 | Project Information

设计公司 / 玮奕国际设计
设计师 / 方信原
项目地点 / 台湾台北
项目面积 / 160 m²
摄影师 / Dean Cheng

Design Company / Wei Yi International Design Associates
Designer / Fang Shin-Yuan
Project Location / Taipei, Taiwan
Area / 160m²
Photographer / Dean Cheng

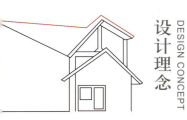

设计理念 DESIGN CONCEPT

Residence is a construction filled with memories.

Situated in the Beitou Hot Spring Area at the foot of Taipei's Datun Mountains, this residence was designed by Fang Shin-yuan for a senior couple to live in after retirement. Drawing inspiration from the surroundings of abundant natural resources and cultural atmosphere, the residence was designed to create and store memories for its users: "A Search for Memories".

The "Din-a-ka", or covered walkway, was a distinct cultural and architectural feature in the early days of Taiwan's agrarian society. In the rapidly changing social landscape, Din-a-ka is an obscure feature, rarely found these days outside fond memories of the past.

　　居所，是生活记忆的延续。

　　本案位于台北市大屯山下北投温泉区，由设计师方信原先生为一对老夫妻设计，用作退休后的居所。丰富的天然资源，辅以人文气息，奠定了作品的设计主轴，即"为居者寻找生活的回忆"。

　　"亭仔脚"——台湾话对骑楼的俗称，是台湾早期农村社会具有特色的一种人文形式，它在快速变化的社会环境中流逝，却深植于人们的记忆。

● 案例分析

● 丰富的空间形态

丰富的空间形态

空间里弧形结构，使其动线增加流畅感及变化的动感。设计师以雕塑方式将弧形表面塑造为具有岁月凿痕的艺术品：层迭的灰黑色塑土里有带着陈旧感的锈铁和隐隐的金箔；以线性的光带搭配台湾旧桧木的墙面，给人一种仿佛进入时光隧道的感受。

室内外的和谐相生

远山绿意和原生树前后呼应，开放空间中家具的样式及陈列使得场域的界定模糊，室内外连为一体。入口处"飘浮"的灰蓝色柜体界定了空间区域，也塑造了动线。

设计师通过材料的选择，如回收旧木、水泥、磨石子、榻榻米等，探讨如何利用材料之于空间的表情，呈现当地文化的传承。以具有岁月凿痕的旧木料（台湾原生树种老桧木），与质朴沉静的特殊水泥来做空间的形塑，除了满足生活需求外，更将居住者关于生活记忆的点滴印记融进这个空间。

打破空间的限制，运用不同样式的家具规划空间功能。客厅天花板上的长方形及一字形灯具具有不同的照明功能，其光效覆盖不同的空间。在和室空间里能够冥想、沏茶，将窗外的原生树景引入室内。主卧房以灰白水泥质感为基底，在温润浅木质的辅助下显现出简易、雅致，整个空间透露着淡淡的谧静感。

装饰材料 DECORATIVE MATERIALS

名称	性能	搭配
 旧木	回收的旧木，融入当地乡情，让新居给人一种归属感。	复古的物件总能提炼出历史里的温情，而"木"里仿佛蕴藉着无限的人文情怀，给退休老人一种亲和感，也让家与室外大自然融为一体。
 特殊水泥	灰黑色塑土里有带着陈旧感的锈铁和隐隐的金箔。	设计师以雕塑的方式将隔断做成圆弧形墙面，将弧形表面塑造为具有岁月凿痕的艺术品。
 带轨道折叠门	节省空间，使用便捷。	客厅与阳台采用落地玻璃作隔断，将室外大好风光纳入居者视野。
折叠木屏风	透视屏风让空间隔而不断。	木屏风在空间中不仅起到隔绝作用，具有良好的装饰性，也让客厅的灰色更加柔和，且平易近人。
 水磨石	高品质水磨石不易起尘、开裂，具有良好的耐老化、耐污损性能。无异味，环保且易清洁。	彩色水磨石的使用赋予卫浴空间另一番情调。设计师特意在地面做防滑措施，以确保使用安全。

093

空间规划
SPACE PLANNING

在这160m²的空间里，丰富多变的空间层次及材料运用再次体现低度设计的精髓。空间采用以分割线条比例为主的现代主义、简约的宋代美学来营造雅致的细节及氛围，传递着精神层次的侘寂(Wabi-Sabi)文化。设计师通过设计将区域在地文化的深度及宽度加深与扩大——设计除了是塑造美的事物外，更是一种文化的传递与传承。

平面图 / Space Plan

01 客厅 / Living Room
02 餐厅 / Dining Room
03 厨房 / Kitchen
04 书房 / Study Room
05 主卧 / Master Bedroom
06 主卫 / Master Bathroom
07 冥想室 / Meditation Room
08 入口 / Entrance
09 卫生间 / Bathroom
10 阳台 / Balcony
11 走廊 / Corridor
12 洗衣房 / Laundry

分布位置 | **配置作用**

天花一字形灯具 | 客厅天花以黑色铁件做空间线条，描摹出空间形状。黑铁线性天花光源，温婉的暖光给家宅以温情。

地板嵌入式灯带 | 设计师在室内多处地面嵌入式照明，让充满人文气息的空间充满了时尚感。

卫浴灯光 | 卫浴空间灯光设计以光效为主，隐藏光源让空间更加深邃，让镜像更加清晰柔和。

空间照明
LIGHTING DESIGN

● 案例赏析

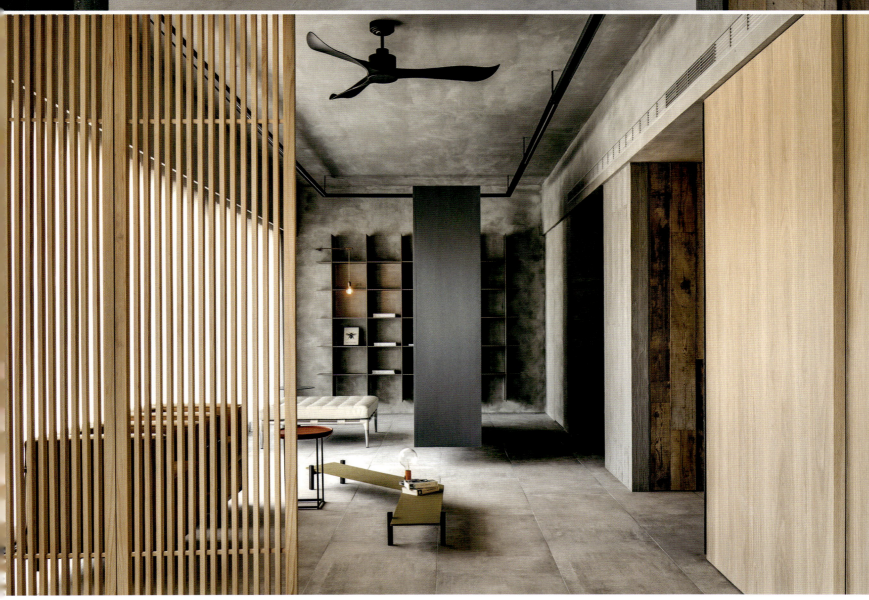

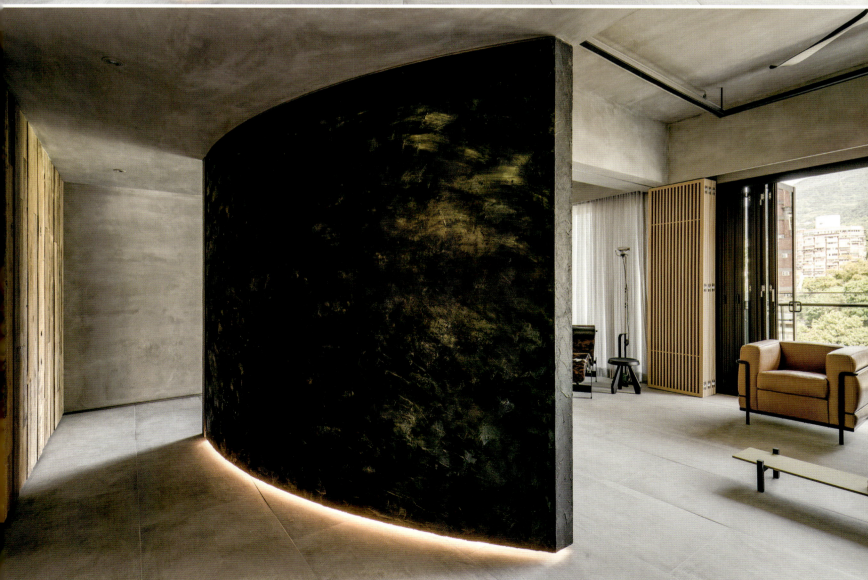

案例分析 / 案例赏析

Moisturizing Life Between Opening and Closing

开阖之间，润泽生活

项目信息 ＼ 设计理念 ＼ 空间规划 ＼ 自然色彩 ＼ 装饰材料 ＼ 引景入室 ＼ 自然采光

扫码查看电子书

项目信息 | Project Information

项目名称 / 士林杨宅
设计公司 / 竹工凡木设计研究室
主持设计师 / 邵唯晏
参与设计师 / 邵子曦
项目地点 / 台湾台北
项目面积 / 165 m²
主要材料 / 木皮板、超耐磨木地板、黑色金属烤漆铁件、复古文化石砖、乳胶漆、雾面烤漆板、马赛克砖、订制实木南方松、木纹砖、磁砖等
摄影师 / 庄博钦

Project Name / Yang Mansion
Design Company / CHU-studio
Chief Designer / Shao Wei-Yen
Participant Designer / Shao Zi-Xi
Project Location / Taipei, Taiwan
Area / 165m²
Main Materials / wooden veneer, ultra-wear-resistant wood floor, black metal paint iron, retro cultural brick, latex plate, matte paint, mosaic tiles, custom solid wood of southern pine, wooden grain brick, tiles, etc.
Photographer / Zhuang Bo-Qin

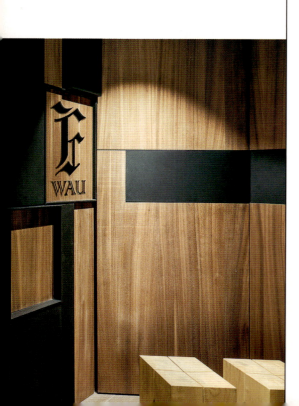

设计理念
DESIGN CONCEPT

● 落地窗景观

The owner of this house is a young couple. The male owner is a financial trader who works at home. According to the lifestyle and special needs of the male and female owners, designers skillfully gather or scatter various functional spaces in various areas to form a compound application residence integrated with living and working. In this design, in the northern part of the core area of the Taipei Metropolis, a simple mansion is hidden in a suburban high-rise apartment house with the high quality of life and convenient functions in a low-key way.

这套住宅的主人是一对年轻夫妇，男主人是一位在家工作的金融操盘手，设计师顺应男女主人的生活形态和特殊需求，巧妙地将各项机能空间收拢或散落于各区域，形成居住与办公交融的复合运用空间。在此设计下，在台北都会的核心区北侧，素以享有高质量生活、便捷机能闻名的近郊高层公寓住宅里，一户简约大宅低调地隐身其中。

项目信息 / **设计理念** / 空间规划 / 自然色彩 / 装饰材料 / 引景入室 / 自然采光

● 案例分析

滑门连接

整体室内由可滑动的木质滑门门片贯穿其中，时而为墙、时而做门的形态弱化了空间之间彼此的虚实对应，赋予空间更多的可能性。位处室内中心位置的餐厅则成为连结各个不同场域的中介区块，凭借木质滑门以及可移动、旋转的电视墙，充分展现出空间随使用模式进行调整的机动与多变性，建构出开放中亦保有私密感的场域。

闲适居家

由客厅、餐厅、景观浴池与原木组建的厨房建构的主要公共场域内，设计师以全开放的形式，呈现宽广而舒适的居家生活尺度。大胆置入开放式的方形景观浴池，辅以四周木格栅环绕的包覆式设计，且正对落地窗，轻松带入阳光和绿意，在相对有限室内空间中，创造如同度假休闲般的闲适感受，也体现了设计的细致工艺特点。

暖色调性

空间后半部为工作区与主卧房，延续公共场域以木质铺面结合灰黑色调的质感，呈现统一的暖色调性。整体空间在简约的语汇中，以最单纯的手法，将复合而多样的空间，恰如其分地融合于一体。

● 滑门连接　　● 方形景观浴池

室内平面呈现狭长形，设计师将服务性的机能空间收拢于靠近入口处的长向一侧，其余主要生活与工作场域则散置于一个全然敞开的大型区域内，并通过可开阖移动的墙面与隔屏，形成可随不同时间、氛围与使用需求而转换不同空间结构关系的室内样态。

空间规划
SPACE PLANNING

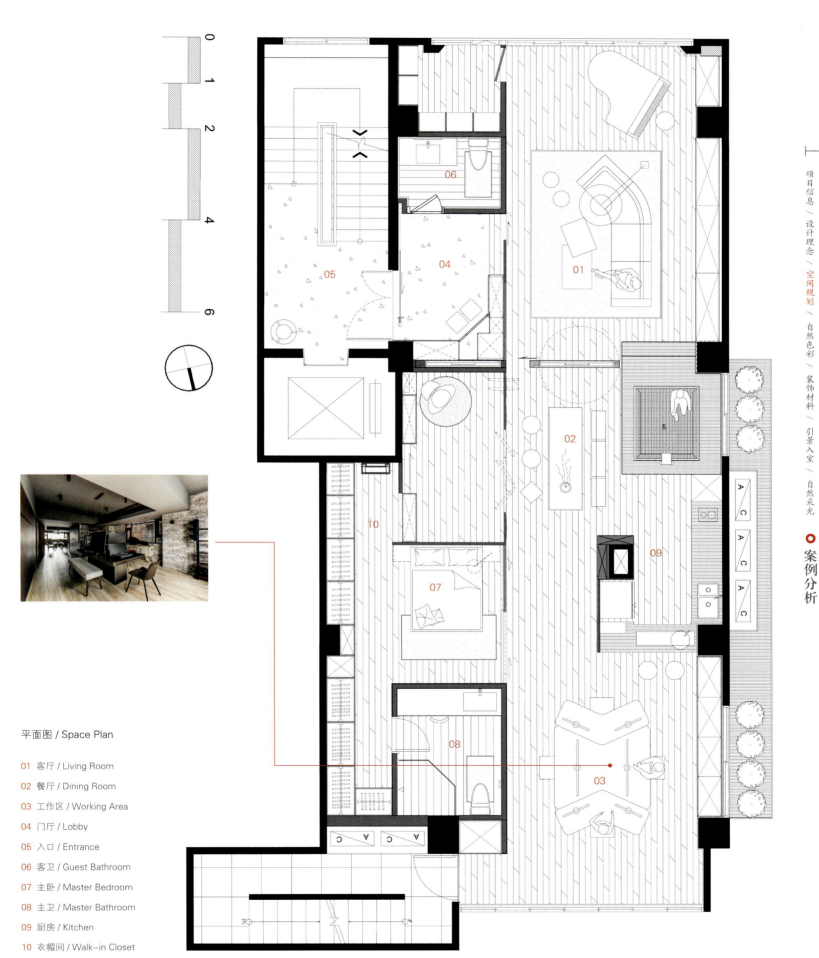

平面图 / Space Plan

01 客厅 / Living Room
02 餐厅 / Dining Room
03 工作区 / Working Area
04 门厅 / Lobby
05 入口 / Entrance
06 客卫 / Guest Bathroom
07 主卧 / Master Bedroom
08 主卫 / Master Bathroom
09 厨房 / Kitchen
10 衣帽间 / Walk-in Closet

项目信息 \ 设计理念 \ 空间规划 \ 自然色彩 \ 装饰材料 \ 引景入室 \ 自然采光 ● 案例分析

自然色彩 — 装饰材料
NATURAL COLORS | DECORATIVE MATERIALS

名称	性能	搭配
 文化砖	新型装饰砖，一般是在砖面进行艺术仿真处理，具有文化内涵和艺术性，带有一定的自然品位。可用于建筑外观与室内装修，在室内多用于墙面，其中以电视背景墙居多。	使用复古文化石砖铺就室内一侧的墙面，不仅有绿色环保、耐腐蚀的实用优点，也有自然、古朴的欣赏功用。
 马赛克砖	即马赛克瓷砖，是已知最古老的装饰艺术之一，一般由数十块小块的砖组成一个相对的大砖，被广泛应用于宾馆、酒店、酒吧、车站、游泳池、娱乐场所、居家墙地面以及艺术拼花等。主要特点是防水、耐高温。	景观浴池选用了蓝色为主的马赛克瓷砖，衬托内有的洁净的水，给人干净、健康的视觉观感。马赛克瓷砖的色彩加上木格栅的木色、窗外植物的绿色，构成家里丰富而有秩序的色调组合。
 乳胶漆	乳胶涂料的俗称，属于区别于油性漆的水性漆，主要应用于室内外墙面的涂刷，有干燥迅速、安全无毒、施工方便、保色性好、覆盖力强等性能，是现今业主普遍选择的墙面装饰。	乳胶漆色彩丰富且柔和，经常被大面积粉刷在墙面。设计师在天花板和部分墙面运用乳胶漆，营造温和的灰色，让人感受闲适的家庭生活。
 雾面烤漆板	表面喷漆呈现雾面效果的烤漆板。烤漆板是一种木工材料，以密度板为基材，表面经过6至9次打磨、上底漆、烘干、抛光高温烤制而成。	以雾面烤漆板打造收纳柜，易于清洁打理，在视觉上扩大空间，此外也有区隔多个空间的作用。

整体空间以木质材料的自然触感以及温润的视觉氛围营造为主调。在室内，目光所及皆是木质元素，灯光投射下来，温馨的感觉油然而生。复古文化砖、黑色金属烤漆铁件等材料色彩在空间中起烘托作用，越发表现空间的温暖。

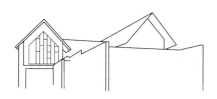

引景入室 | 自然采光
BRINGING SCENERY INTO HOUSE | NATURAL LIGHTS

偌大的室内空间中，在临路的短向一侧，水平的长窗将充盈光线引入室内，使得灰色调天花板、纹理凹凸有致的文化石砖墙与木质墙面构筑出的客厅更富有质感肌理和起居氛围。浴池一侧外是室内阳台，落地窗将其中枝叶繁茂的绿植全然纳入，让室内也有草木扶疏之意。

● 案例赏析

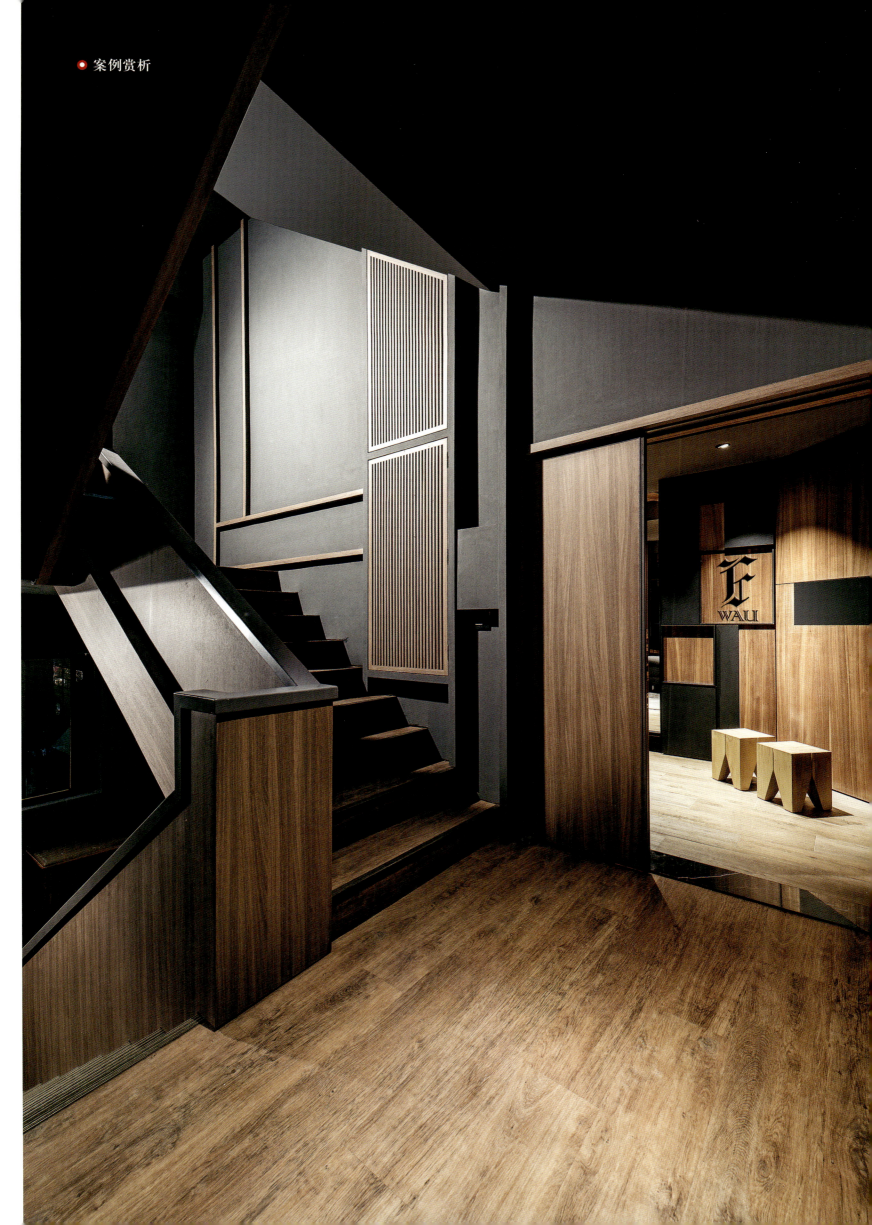

个性玄关

一踏入大门，便迎来由梧桐木皮墙面、木地板与灰黑色系金属铁件混搭而成的玄关。其以四十五度转折的迂回，创造出一道低调而诚挚的邀请线路。

自然风 NATURAL STYLE

案例分析 / 案例赏析

项目信息 \ 设计理念 \ 装饰材料 \ 自然采光 \ 自然色彩 \ 空间规划

Seeking the Healing Power of Nature in the City

在都市寻找大自然的治愈之力

扫码查看电子书

项目信息 | Project Information

项目名称 / 华尔道夫
设计公司 / 吉日创意有限公司
设计总监 / 蔡一伶
艺术总监 / 邹俊升
执行设计师 / 李伊凡
项目地点 / 台湾桃园
项目面积 / 120 m²
主要材料 / 大理石、栓木木皮、环保漆、特殊漆、壁纸、黑色玻璃、木地板等
摄影师 / 墨田工作室－吴启明

Project Name / Waldorf
Design Company / Auspicious
Design Director / Cai Yi-Ling
Art Director / Zou Junsheng
Project Location / Taoyuan, Taiwan
Area / 120m²
Main Materials / marble, cork veneer, environmental varnish, special tile, wallpaper, black glass, wooden floor, etc.
Photographer / Moooten Studio

设计理念
DESIGN CONCEPT

Designers believe that the combination of visual art and architecture can bring more possibilities, and always adhere to the combination of art and design to bring the best design results to clients.

设计师相信，通过视觉艺术与建筑的结合能够为人与空间带来更多的可能性；始终坚持艺术与设计的结合，为客户带来最好的设计效果。

项目信息 / 设计理念 / 装饰材料 / 自然采光 / 自然色彩 / 空间规划

● 案例分析

虚实结合

室内布置了许多天然绿植，与木饰墙面、木质地板的自然材料相配合，创造了怡然的丛林般的美；植物壁纸与少数的昆虫挂画从侧面烘托了居室的自然气息。虚虚实实中，突显居者对大自然的热爱，也体现了身处都市的现代人亲近自然的诉求。

不期而遇

灰蓝调有着如水般清新的治愈效果，它有蓝色的冷静而没有蓝色的冰冷；有灰色的宁静而没有灰色的刻板。单纯柔软的千禧粉有鲜花绽开初蕊般的轻熟感，有着与世无争的和平气质。两种颜色成就两套不同氛围的卧室，又在客厅交汇成一股暖心的清流。

1
2

1 升降吧台
2 天花板配置隐藏的视听设备

科技便利生活

高科技家用产品的运用让舒缓治愈的居室更便利、更具时代感，同时让室内空间的使用机能有了更大的弹性；隐藏式视听音响设备搭配电动百叶窗，让开放的客厅随时能调整为具私密性的私人视听室；电动升降吧台能为朋友聚会提供舒适的聚会场所，还能够为不同身高的人调节符合人体工学的工作台面，一举多得。

墙壁独具个性的色调搭配进口特色壁纸是本案的特色之一。深色的栓木饰面营造丛林般幽谧气氛，吧台处点缀蕨植叶壁纸，烘托祥宁的空间氛围；两盏吊灯成了空间的焦点——柔美的圆弧造型搭配金属质感的铿锵，创造了无以言说的审美享受。

客厅和餐厅都是利用色彩搭配来增加空间的温度——灰蓝调中加入温婉的千禧粉色，是一个极具治愈力的配色方案；通过高品质家具的使用、艺术挂画的装饰来展现空间气质和主人与众不同的品味。

名称	性能	搭配
 栓木木皮	栓木皮纹路清晰，材质优良，是现代建材常用的一种家具木皮，其切面可以根据加工过程中刨切方式的不同而呈现不同纹理。	住宅以深色木皮做墙面，其明显的年轮肌理搭配室内点睛之笔的绿植，在室内营造了一派丛林风光。此外，深色墙面与浅色地板和天花构成层次区分。
 乱纹鱼肚白大理石桌	鱼肚白大理石具有不易腐蚀、温润自然的特点，但相较其他石材更容易被污染，日常碰到茶渍、饮料等应尽快清理。	白色天然纹路的大理石桌面在客厅与开放式办公区之间起到过渡作用，为室内增加了自然气息。
 原生艺术家让·杜布菲风格挂画	法国艺术家让·杜布菲（Jean Dubuffet），其作品会涉及儿童、囚犯和精神病患者，被公认为原生艺术的创始人。他创作各种前卫风格作品，并采用一些非常另类的创作材料，如沙子、焦油和一些垃圾。代表作有《Grand Maitre of the Outsider》《Le Bateau II》《Loisir》等。	在宁静沉寂的空间中加入鲜艳的色调和凌乱的线条，活泼整个空间气氛，使得室内设计既安稳又不呆板。
 环保漆	环保漆是指符合国家环境标志产品提出的技术要求的油漆，包括木器漆、金属漆、乳胶漆等。现代环保墙漆色彩丰富，具有保护物体表面、装饰、防火、防虫	为了居者的健康，室内选用环保墙漆很重要。设计师选择深藕粉色和天空蓝做两间卧室的定调设计，同时呼应了公共空间设计。

自然采光
NATURAL LIGHTS

自然色彩
NATURAL COLORS

应现代人的生活形态与习惯需求，并结合建筑物大面开窗的特色，本案与过往室内空间设计最大的不同点是不配置固定向度的电视墙，让户外景致成为最美好的生活场景。整个住宅由四个面合围而成，其中有两个面全部做落地窗设计，给整个家最完美的采光度，又能保护生活隐私，还能给人们提供最开阔的空间视野。

空间极具整体性。深木色的墙体、浅木色的地面、线条的纵横之间条理清晰，借用网友的话：这真是"治愈强迫症"的设计。

客厅配色以海蓝色为主，一席灰蓝色海洋般的地毯给居室最舒适的宁静，相配合的是柔和的灰色与今年受到热捧的千禧粉。如此相互融合的配色游走到卧室，分流而成两间卧室的配色：一间柔美的粉色，一间绅士的蓝色。如此分合之间仿佛蕴藏着设计师对人际关系、人与空间关系的理解：自古君子和而不同；大千世界中求同存异；殊途同归中和谐相生。

以活动家具界定区域，取代实墙分割；让开放式阅读区代替传统书房，既节省空间又增加住宅的文化气质。公共区域的开放式设计无形中增加了家人的共享空间，为促进人与人之间的交流创造条件。

空间规划
SPACE PLANNING

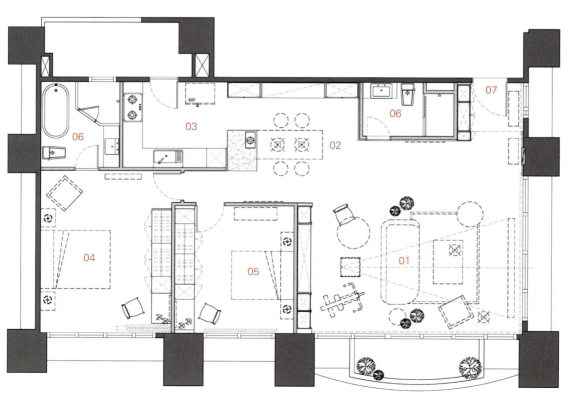

平面图 / Space Plan

- 01 客厅 / Living Room
- 02 餐厅 / Dining Room
- 03 厨房 / Kitchen
- 04 卧室 A / Bedroom A
- 05 卧室 B / Bedroom B
- 06 卫生间 / Bathroom
- 07 入口 / Entrance

● 案例赏析

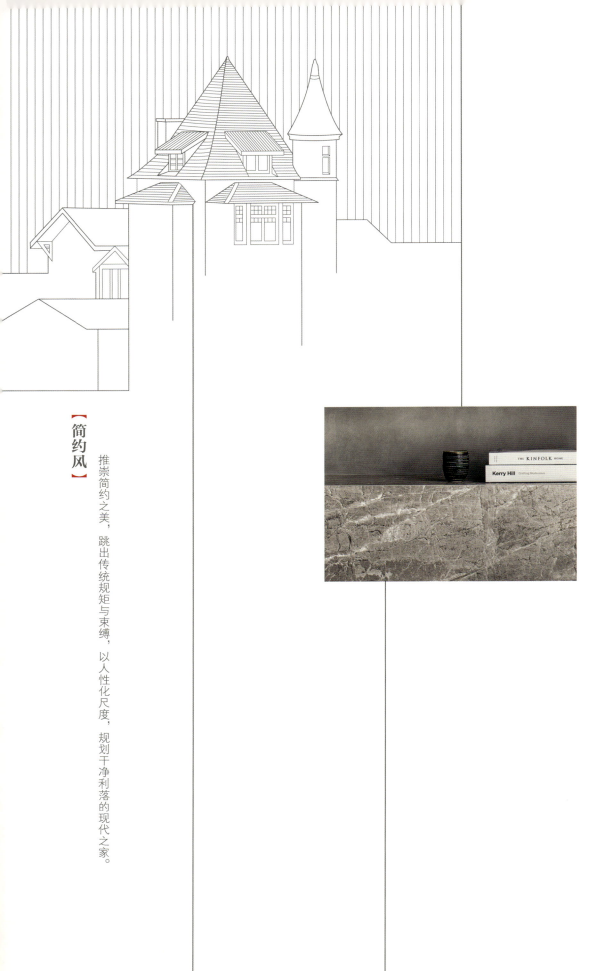

【简约风】

推崇简约之美,跳出传统规矩与束缚,以人性化尺度,规划干净利落的现代之家。

第二章
简约风
SIMPLE STYLE

自然色彩 / Natural Colors
照明设计 / Lighting Design
室内绿化 / Indoor Virescence
自然采光 / Natural Lighting
空间规划 / Space Planning
装饰材料 / Decorative Materials
设计理念 / Design Concept

简约风 SIMPLE STYLE

案例分析 / 案例赏析

项目信息 ╲ 设计理念 ╲ 空间规划 ╲ 装饰材料 ╲ 自然采光

Trace to Modern Human, Follow the Scene

现代人文的踪迹，随景入画

扫码查看电子书

项目信息 | Project Information

项目名称 / 桃花源
设计公司 / 近境制作
设计师 / 唐忠汉、曾勇杰
主要材料 / 铁件、黑钢石、白洞石、蒙马特灰地坪、鸡翅木等
摄影师 / 锺戢至

Project Name / The Peach Garden
Design Company / DESIGN APARTMENT
Designer / TT, Zeng Yong-Jie
Main Materials / iron, black glass stone, travertine, Montmartre, door frame, etc.
Photographer / Chung Wei-Chih

设计理念
DESIGN CONCEPT

Space is the original looking that the living wants to present, and it is also one of the component element. In the beginning, space is transparent and clean, after designing, the interior architecture becomes light and graceful carrier which bears the weight of humane and becomes a house with connotation and stories.

Do not emphasise the design on purpose, do not elaborate materials intentionally, this design makes space exist naturally. Each successful design allows audiences to find the residents' characteristics and hobbies through the works that are laid out everywhere. This design does not insist on designing; it just puts the beauty of living in works naturally and gives audiences feeling that they are discovering the future.

空间是生活想要呈现的初始样子，是生活构成的元素之一，因此，空间最开始是通透干净的，却经由时空的粹炼堆栈，室内建筑成为一个轻盈的载体，去承载居室中的人文气韵，变成一个有内涵、有故事的品位之家。

不刻意的强调设计，不刻意的铺陈材料元素，而仅让空间看来理所当然地存在着。每一个完美空间的诞生，都可以看见设计师将居住者的性格与喜好，融入空间的每个角落。无所谓设计的坚持，只是自然地将生活的美，放入空间之中，仿佛一场对未来的探索。

项目信息 ／ 设计理念 ／ 空间规划 ／ 装饰材料 ／ 自然采光　●案例分析

空间规划
SPACE PLANNING

以空间的合理布局和有效利用为核心，在现代人文的基础格调上，极度演绎空间的简约性和便利性。每一处动线的设计，尽量多元化，由内至外，由客厅到餐厅，再到厨房，达到行走自如。且以家具作为界定空间属性的方式，最大化地减少了空间的浪费，视觉效果好。

首层的设计摒弃了厚重的墙体、将厨房打造成景观厨房，使做菜时光入景怡情。

一层平面图
1st Floor Plan

01　客厅 / Living Room
02　餐厅 / Dining Room
03　厨房 / Kitchen
04　卧室 / Bedroom
05　卫生间 / Bathroom
06　电梯厅 / Elevator Room
07　花园 / Garden

负一层平面图
B1 Floor Plan

01 餐厅 / Dining Room
02 厨房 / Kitchen
03 休闲区 / Leisure Area
04 卫生间 / Bathroom

此处不配置明火

依建筑端实际需求为准预留设备空间

挑空区域投影线

地下层的宴客厅也和天井绿植墙产生亲密的关联，使绿的踪迹流淌在家的每一处角落、入画。

在相对封闭的空间，善用镜面拉伸空间的进深感和敞亮度。

二层平面图
2nd Floor Plan

01 主卧 / Master Bedroom
02 衣帽间 / Walk-in Closet
03 主卫 / Master Bathroom
04 卧室 / Bedroom
05 卫生间 / Bathroom
06 书房 / Study Room
07 走廊 / Corridor

项目信息 ＼ 设计理念 ＼ 空间规划 ＼ 装饰材料 ＼ 自然采光

● 案例分析

装饰材料
DECORATIVE MATERIALS

随着科学技术的不断发展和人类生活水平的不断提高，装饰材料向着环保化、多功能化发展，人们在材料的选择和应用上，更加注重安全性、健康性。装饰材料的好坏，直接影响着居住空间的环境质量与审美效果。以天然石材、木材为主要装饰材料的空间，往往更安全，也更舒适。自然材料本身的特质，会直接传递到空间中，从而奠定空间整体的格调。

〉项目信息 〉设计理念 〉空间规划 〉**装饰材料** 〉自然采光

● 案例分析

名称	性能	搭配
 白洞石	进口洞石，白色微孔大理石，主要用于室内外高档装饰、构件。硬度偏软、色泽温和、质感丰富。	白洞石作为客厅整个墙面的主材，其天然的特性与整体空间风格十分匹配。简约明亮的气质，适合拥抱自然的主题。
 黑钢石	黑色底，表面有丰富的纹路，常用作为板材、地铺、台面等。硬度强，表层光滑，易于打理。	用石材打造厨房台面，是非常实用的设计手法。石材的冷峻感，可以塑造空间的立体感，而木材的温润感很好地中和石材的硬朗。
 蒙马特灰地坪	一种灰色大理石地坪，表面光亮、纹理细腻、艺术质感丰富、地面常见材料，拼接效果好。	负一层地面采用蒙马特灰地坪，增加整体空间的亮度，色泽干净，与深色的黑钢石台面搭配，一明一暗，恰到好处。
 鸡翅木	又作"杞梓木"，以显著、独特的纹理著称，艺术感强。其纹理交错、清晰，颜色突兀，有微香气，生长年轮不明显。较花梨、紫檀等木质纹理另具特色，在红木中属于比较漂亮的木材。	鸡翅木多层钢刷木饰面，最大限度地保留原有木材凹凸立体感木质纤维的纹路，与光滑的镜面元素搭配，空间感更加立体、开阔。

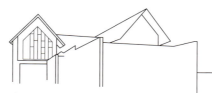

自然采光
NATURAL LIGHTS

　　太阳光作为室内采光，通过窗户进入室内，投落在房间的表面上，使色彩增辉、质感明朗。由太阳光而产生的光影图案变化使空间活跃，清晰明了地表达了室内的形体。同时，光和影，对家具有润色作用，使室内充盈艺术韵味和生活情趣。负一层、一楼均采用全开放式的玻璃门，太阳光可以直接射入室内，与外部毫无阻隔。二楼私密空间的设计也是最优化的利用采光，达到人与自然的共生。

　　主卧设计以明亮为主轴，通长阳台将自然光线映入室内，增添自然气息。

● 落地窗造景

　　书房大落地的百叶窗，避免强光线的直射，却能及时接收窗外四季的美景，赋予空间无限的张力和想象力。

● 案例赏析

1	1
1	2

1 负一层厨房
2 一层厨房

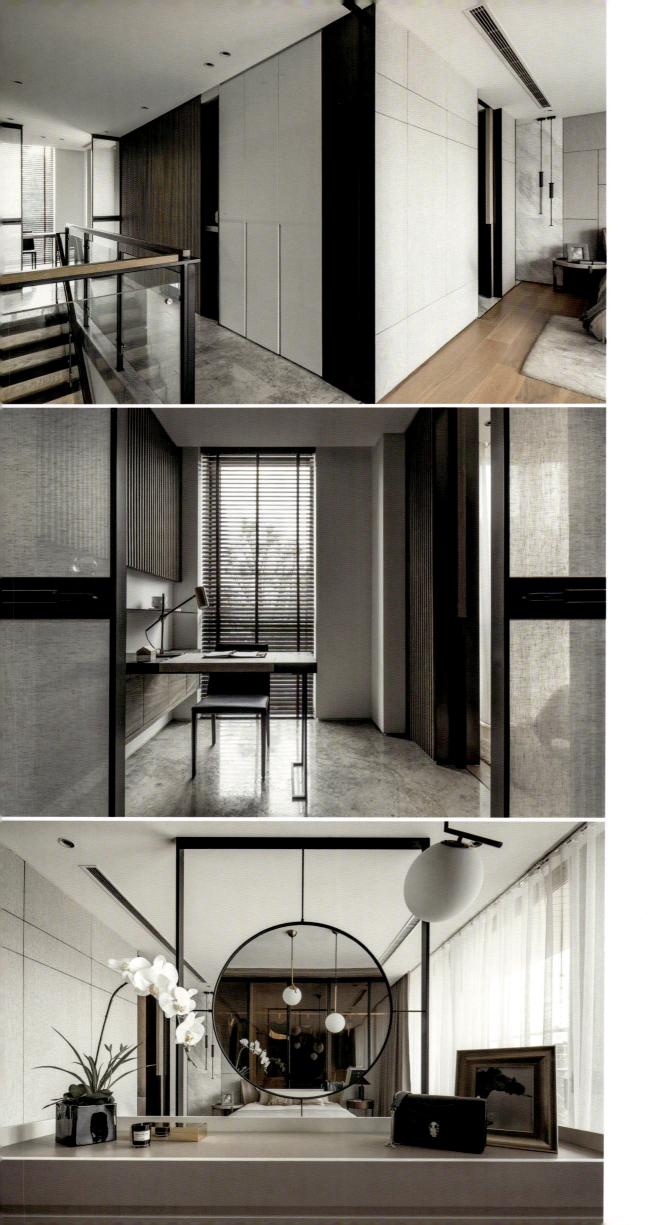

简约风
SIMPLE STYLE

案例分析 / 案例赏析

项目信息 ｜ 设计理念 ｜ 空间规划 ｜ 装饰材料 ｜ 照明设计

Many Beautiful Scenes, A Fashionable House

如摄影基地的景，时髦的家

扫码查看电子书

项目信息 ｜ Project Information

项目名称 / 永吉路简宅
设计公司 / 诺禾空间设计有限公司
设计师 / 张家翰、谢崇孝
项目地点 / 台湾台北
项目面积 / 231 m²
主要材料 / 石材、金属板、铁件、烤漆、玻璃等
摄影师 / Andy Chang

DProject Name / Simple house in Yongji Street
Design Company / NoiR
Designers / Zhang Jia-Han, Xie Chong-Xiao
Project Location / Taipei, Taiwan
Area / 231 m²
Main Materials / dimension stone, metal plate, iron, stoving varnish and glass
Photographer / Andy Chang

设计理念
DESIGN CONCEPT

The owner is a famous blogger, and he tries nearly two years to find this penthouse where Mt. Yang-Ming is on its north, and 101 Skyscraper is on its south. The owner wants the designer to enlarge space to make sure that it is a customised refined residential. The designer believes that, 'when we create a scene, indeed, we create many scenes.' The entry point of this design is to create an atmosphere. During the design period, every scene can be used in the design and generate more combination of scenery.

屋主是知名部落客，花了近2年的时间才找到这个位于市区，且北面阳明山、南拥101的复层住宅，希望设计师可以为其放大空间，使房子成为量身定制的精致美宅。对此，设计师表示"我们不是在创造一个'景'，是创造很多'景'"。整体设计的切入点是营造氛围，在做设计的时候，在各个有可能的空间甚至是借助窗外的实景，不断地思考以及创造出更多景色。

超强收纳

虽然房子目前主要供屋主夫妻二人居住，但设计师仍为这个家预留了强大的收纳空间。书房也是女主人的工作室，设计师置入整面的收纳柜、两处搁架甚至利用榻榻米的床榻强化家居收纳，不但易于存取，而且容量很大。此外，餐厨空间的隐藏式收纳还原室内整洁，宽敞的步入式衣橱是男女主人可以自由发挥的一方天地，干湿分离的浴室中的铁件置物架方便洗漱，巧妙的收纳设计让这个简练、洁净的环境尤为实用。

艺术画营造

私人领域选用突出线条与留白的艺术画，一方面在视觉上塑造以及保持空间的简单、纯净，另一方面也能够成为视线的焦点，进而表现、彰显屋主的审美与品位。

专属健身房

客厅以黑、灰、白、木色铺陈，金属元素缀入其间作为视觉亮点，整体干净而利落，无一丝杂陈。在一侧设计屋主专属的健身房，深蓝为墙，深灰为地，黄或白为挂画主色且主题突出，看似小小的空间却足以容下健身器材且没有想象中的杂乱、拥挤，可尽情锻炼，挥洒汗水。不仅如此，这个以玻璃门进行隔断的健身房还让公共领域富于变化，化身为空间里的一种趣味与景观。

设计师打破20年老屋的制式排列格局，先是有秩序地分配空间，再重新定位家的核心价值。如此最终呈现出来的便是公私领域得以明显区分，即一层是客厅、餐厨、长辈房以及多功能健身空间，二层则作为屋主的主卧和私人工作室等私人领域。同时，让每个空间都有足够的自然光及通风，使老屋的通风及采光成为两大优点。

空间规划
SPACE PLANNING

● 一层平面图

● 二层平面图

一层平面图 / 二层平面图
1st Floor Plan / 2nd Floor Plan

01 客厅 / Living Room
02 餐厅 / Dining Room
03 厨房 / Kitchen
04 卧室 A / Bedroom A
05 卫生间 / Bathroom
06 健身房 / GYM
07 入口 / Entrance
08 主卧 / Master Bedroom
09 主卫 / Master Bathroom
10 儿童房 / Kids' Room
11 书房 / Study Room
12 楼梯 / Staircase

装饰材料 DECORATIVE MATERIALS

屋主喜爱的事物走在潮流的尖端,而且女主人因为工作的关系,常常需要"景",设计师决定让空间散发出优雅的时尚感,因此,材料的选用及配色相对地都围绕着这个主题,融入大理石元素、铁件等,希望打造出的每个角落都是便于摄影的角落。

名称	性能	搭配
 仿大理石美耐板	美耐板是一种表面装饰饰材,以含浸过的毛刷色纸与牛皮纸层层排叠,再经由高温高压压制而成。具有耐高温高压、耐刮、防火、易清洁等特性。	仿大理石美耐板的天然石材纹理美观且时尚,赋予餐厅以及客厅多元的空间表情,使得就餐的场景更具仪式感,聚餐的体验更为愉悦。
 艺术漆	一种新型的墙面装饰水性涂料,兼具乳胶漆和墙纸的优点,无毒、环保,纹理图案精美,具有立体艺术效果,室内外墙体皆适用。主要分为仿大理石漆、板岩漆、壁纸漆、浮雕漆、金属漆等。	主卧背景墙运用艺术漆设计出图案之美,产生深浅交织的纹理感和层次感,高雅而且格外独特,对于营造一个简洁、平和的睡眠空间而言十分适宜。

设计师对于照明灯具的选择同样遵循优雅、时尚的氛围营造原则,客厅沙发旁的钓鱼灯、餐厅的铁艺玫瑰金吊灯、主卧如珍珠般小巧精致的对称吊灯、次卧的黑色小壁灯、阳台漫如星空的串灯,以及射灯、筒灯,其造型、线条与色彩都极为简约、流畅、低调,针对各个不同的功能区间提供不一样的光效,显示灯具自身特色的同时,更为各个空间增光添彩。

照明设计
LIGHTING DESIGN

案例赏析

主打精致与舒适

私人空间的设计不仅需要考虑屋主的喜好，更为重要的是考虑实际使用的舒适度，体现以人为本的设计取向。主卧的灰调给人一种高级感，床尾凳和圆台兼具装饰性和方便、实用特点，而组合艺术画则点明"空间如何叫人着迷"。

简约风 SIMPLE STYLE

案例分析 / 案例赏析

项目信息 ｜ 设计理念 ｜ 装饰材料 ｜ 自然色彩 ｜ 空间规划

The Fusion of Modern Fashion and Natural Artistic Conception

现代时尚与自然之意的融合

扫码查看电子书

项目信息 ｜ Project Information

项目名称 / 新店王宅
设计公司 / KC Design Studio
设计师 / 曹均达、刘冠汉
项目地点 / 台湾台北
项目面积 / 125 m²
主要材料 / 陶砖、艺术漆、盘多磨、镀钛、实木皮、木地板等
摄影师 / Hey!Chesse

Project Name / Residence Wang
Design Company / KC Design Studio
Designer / Tsao Chun-Ta , Liu Kuan-Huan
Project Location / Taipei, Taiwan
Area / 125m²
Main Materials / earthenware brick, artistic paint, pandomo, titanium, solid wood veneer, wooden floor, etc.
Photographer / Hey!Chesse

设计理念
DESIGN CONCEPT

The owner has lived in a foreign country for a long time, having a special feeling for the neighborhood of Xindian River, where he used to live in the childhood. So he chooses Xindian District as the home for them and their child. The male owner likes the modern interior design, while the female owner prefers the natural design. Therefore, designers use the deconstruction concept and the technique of extension to create the field spirit and the space integration and visual tension.

长期居住国外的屋主对于儿时的环境——新店溪周边有着特别的情感，因此选择台北的新店区作为他与孩子的家。男主人喜欢现代感的居室设计，而女主人则更喜欢自然气息的设计。设计师用解构概念及延续手法，在开放的空间中创造场域精神，创造空间的融合及视觉的张力。

项目信息 \ **设计理念** \ 装饰材料 \ 空间规划 \ 自然色彩

● 案例分析

弧形天花吊顶

近125㎡的空间及3m的楼高空间中，首先要解决的问题是过低的钢梁及干管。因此，针对天花的设计，设计师采用"解构"的想法将钢梁及天花分开，让彼此能独立存在，各自发挥功能；天花以弧形的手法将空间提高，而弧形的低点便能隐藏所配置的机器设备。

自然与现代感

裸露的红陶砖、原始的木质和铿锵的镀钛中岛，无不飘扬着自然风的不羁与浪漫；物件的简洁排列与空间的规整线条，无形中又展现着现代都市的时尚审美。

风格的设定是以男屋主喜爱的现代及女屋主偏好的自然元素做基础。男女主人风格的差异给设计师很多启发，就像"解构"一样，风格各自独立存在。

设计师将天花、墙面及地板视为独立元素，再利用材料定义场域，就如客厅及卧房采用不同的地板素材；墙面素材贯穿整个空间以减小各个区域的独立感。在开放的空间中创造场域精神，利用延续手法，将地板延伸至墙面，而墙面延伸至天花，创造空间的融合及视觉的张力。

装饰材料 DECORATIVE MATERIALS

项目信息 ＼ 设计理念 ＼ **装饰材料** ＼ 自然色彩 ＼ 空间规划

● 案例分析

名称	性能	搭配
陶砖	陶砖是黏土砖的一种，砖质细腻，色彩稳定且长久，耐高温、耐腐蚀，透气性和透水性强，具有良好的吸音作用。	设计师以室内建筑的手法创造拱形吊顶，以陶砖为材令空间返璞归真。
水泥混凝土	常见建材，本案设计师别具匠心，将水泥制成装饰材料。	将粗糙的水泥面与陶砖相搭配，为室内空间创造出十足的古朴韵味，增强客厅田园般的自然美感。
木材、木地板	常见建材，本案选择与空间整体色彩保持一致的同色系木材。	设计中大量运用木材、木地板，增强灰色空间的温馨感与亲和力。
金属镀钛中岛台	金属镀钛能提高家具的耐磨性，能长期保持色彩与光泽，延长家具使用寿命。	镀钛中岛台表面的仿古色泽与客厅地板保持一致，搭配出空间的铿锵品质。
盘多磨地坪	即 panDOMO，拥有无限颜色和造型，是近年来备受瞩目的新型建材，其无缝衔接的特性让地板达到空前的完整性。具有质地坚固、不收缩、防渗水防滑、耐久、低损耗的特点，且保养简易、清理方便。	整片式无缝地板赋予客厅整体性和简约感，通过材质表面的自然纹路、颜色和光影，表达客厅独特的个性化气质。

自然色彩
NATURAL COLORS

住宅中各个区域色彩搭配保持高度协调，天花板大量裸露的红陶砖与空间的原木色完美融合，给家注入温暖粗犷的自然气质。

卧室内的配色则更轻松，白色的天花板一直顺延至墙面，将气氛渲染得更加轻松平静。木质地板的特殊铺设方式集时尚与自然于一身，既是对公共区域色彩的回应，也体现居者的个性化审美需求。

项目信息 \ 设计理念 \ 装饰材料 \ 自然色彩 \ 空间规划 ● 案例分析

空间规划
SPACE PLANNING

平面图 / Space Plan

01 客厅 / Living Room
02 餐厅 / Dining Room
03 厨房中岛台 / Kitchen Island
04 厨房 / Kitchen
05 主卧 / Master Bedroom
06 主卫 / Master Bathroom
07 儿童房 / Kids' Room
08 储藏室 / Storage Room
09 客卫 / Guest Bathroom
10 阳台 / Balcony

● 立面图

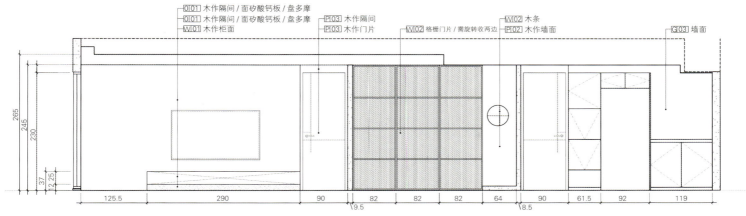

● S1——客厅长向立面图

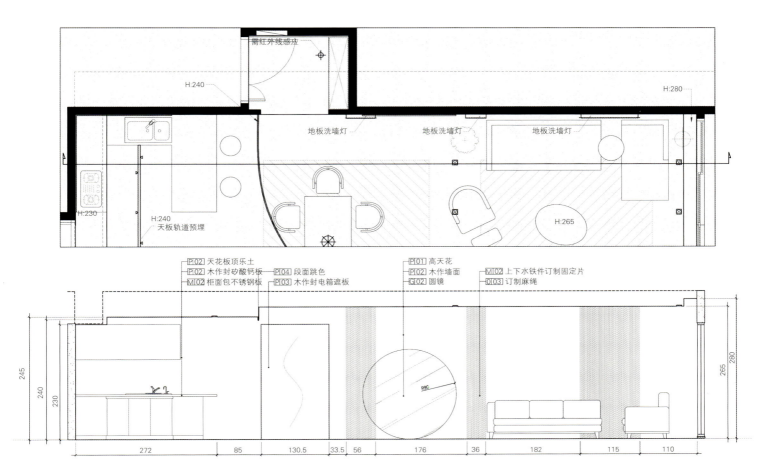

● S2——客厅长向立面图

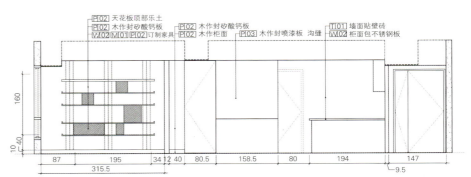

● S3——客厅短向立面图

公共区域利用开放式格局，打造出开阔的空间感，同时也创造了自然光线贯穿全家的条件，增加家的自然气息。公共区与私密区相互分割，两套卧室相互串联，如此一来更方便照顾孩子。

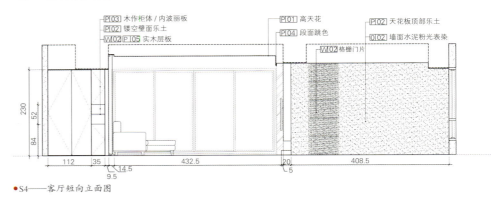

● S4——客厅短向立面图

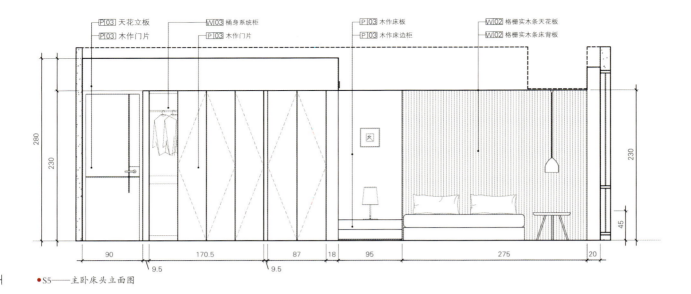

● S5——主卧床头立面图

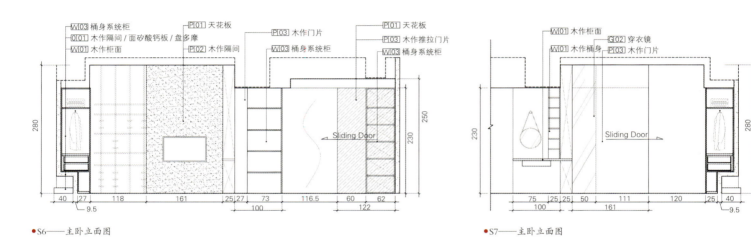

● S6——主卧立面图

● S7——主卧立面图

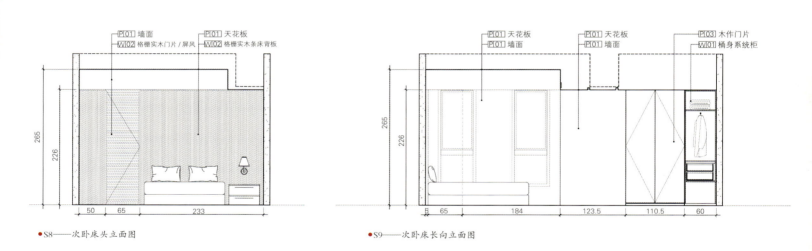

● S8——次卧床头立面图

● S9——次卧床长向立面图

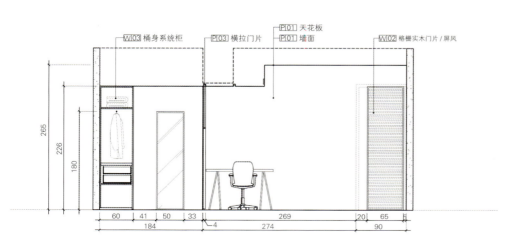

● S10——次卧长向立面图

○ 案例赏析

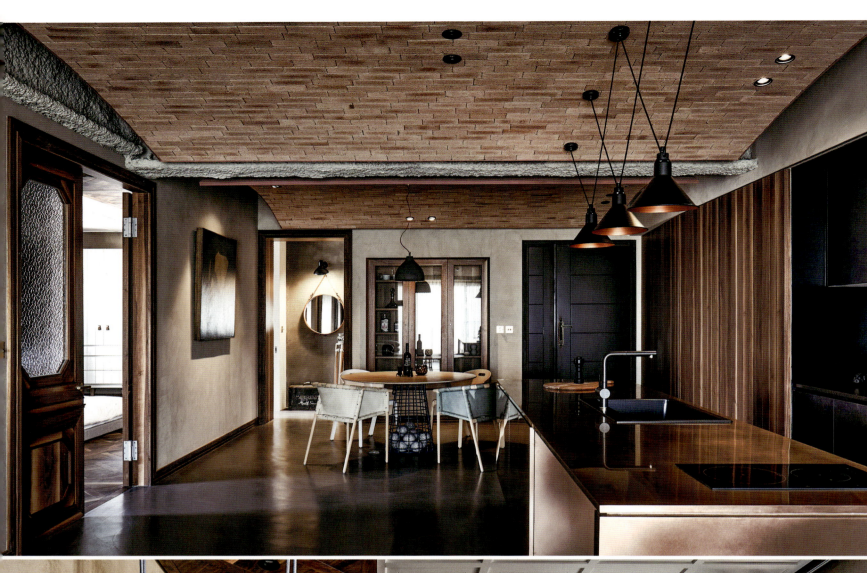

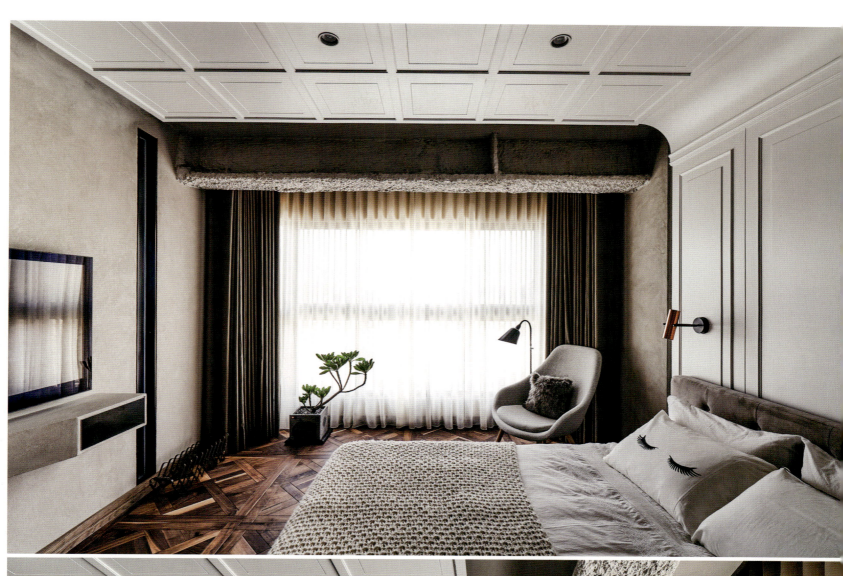

简约风 SIMPLE STYLE。

案例分析 / 案例赏析

House of Future Contemporary

"未来当代"之家

项目信息 ＼ 设计理念 ＼ 装饰材料 ＼ 自然采光 ＼ 空间规划

扫码查看电子书

项目信息 | Project Information

设计公司 / Studio In2 深活生活设计
设计师 / 俞文浩、孙伟旻
项目地点 / 台湾台北
项目面积 / 152 m²
摄影师 / Jackal Liu

Design Company / Studio In2
Designer / Howard Yu, William Sun
Project Location / Taipei, Taiwan
Area / 152m²
Photographer / Jackal Liu

设计理念
DESIGN CONCEPT

Designers believe that future designs will gradually dilute the distinction between the Chinese and Western characteristics because different lifestyles will naturally become indistinguishable. Sharing the same thoughts with homeowners working abroad, designers conceptualize an integrated style of "future contemporary" and take it as the design concept of this residence.

设计师认为，未来设计将会逐渐淡化中西特色的区分，生活上我们会变得非常自然地不分彼此。设计师与在国外工作的屋主产生了这一共同想法，将之发展而成"未来当代（Future Contemporary）"的共融风格，并以此作为本住宅的设计概念。

项目信息 \ 设计理念 \ 装饰材料 \ 自然采光 \ 空间规划

● 案例分析

空间线条

空间线条非常丰富，大框架里有天花板吊顶的大弧线划出客餐厅区域，圆形镜面与之呼应；利落的灰墙上加入细腻的装饰性线条，曲直结合、疏密搭配，在平静的色彩背景里描绘出不同节奏的审美波澜。空间设计整合干净美观与实用主义两方面的优势，营造出简约的未来感，而家具的配置包含着当下生活的点点滴滴。

大胆的色块搭配

不同色彩、不同明度、纯度的色彩搭配能给人不一样的心理效应：卧室大块的木原色给空间沉着典雅的心理暗示，给居者打造一个具有美感的休息空间；多功能区浓郁的砖红色刺激人的感官，用以激发灵感的无限可能性。住宅中大色块的运用不仅区分了功能区域，还以丰富的色彩打造出独具时尚气质的临场感受。

应用环保建材,以内敛的手法来表现居家空间的艺术内涵。以台湾水库淤泥及营建剩余土作为基本原料的乐土,以此组成主要墙面的涂料,其抗潮、透气的特色有效提升潮湿气候下的生活品质。

空间以开放的平面为基准,用自由的开口整合所有生活机能,有连结、沟通、相互融贯的公共空间,同时拥有私人领域。

装饰材料 DECORATIVE MATERIALS

项目信息 \ 设计理念 \ **装饰材料** \ 自然采光 \ 空间规划　●案例分析

名称	性能	搭配
 木地板	木地板亲和自然,质地轻盈,触感温柔,且具有调节室内温度的作用,健康环保。 但木地板也有容易出现裂纹、翘起、易滑等缺点,且木地板市场混杂,许多廉价木地板容易释放甲醛,危及人体健康。木地板要适当保养,否则容易滋生细菌,不利于健康。	设计师在地面以材质作为区分,规划出客厅与餐厅,以金属收边条将木质板材嵌入灰色地板中,使得空间保持精致而低调。
 台湾乐土水泥	以台湾水库淤泥和营建住宅剩余的土作为基本原料的乐土,组成主要墙面的涂料,具有透气抗潮,防水防霉的性能。	公共空间的墙面使用同一的灰质涂漆,给人一种安静宁和的空间气氛。
 镜面	室内设计常用镜面的成像作用改变光路、扩大视野空间,它兼具了装饰性和实用性。	设计师在客厅安装一面大的圆形镜面,仿佛在空间中开出一个中式庭院月洞门,又像一个能够穿越时空的时光之门,非常符合设计的"中西融合"的设计主题。
 装饰性线条	给平静的灰质空间增加线条,增加不同的节奏。	设计师在室内洗墙灯中方向上加入垂直线条,如此一来,在夜晚开灯时,光影效果便能极大地丰富简约的空间。
 格栅实木条	实木是本案卧室的主要建材,具有良好的控温效果,触感温润,能消除急躁,舒缓居者的精神。	格栅实木条从床背一直蔓延到天花板,直至床尾墙面,给空间十分舒缓的线条感。

自然采光
NATURAL LIGHTS

位于拥有南向采光的多功能区，通过可旋转、横移的格栅门片创造出开合多变的隔断设计，同时将光线引入室内；利用格栅若隐若现的穿透性，创造能随着时间变化、门片开合方式的不同，而产生多变且具有动感的光影变化。

在空间中运用直、弧形线条作为特别的视线引导，使空间在视觉上感受不一样的变化；利用栅、绳、柱等元素，让光影在室内随时间变化而变化，使静态的空间拥有动态表现力。

项目信息 / 设计理念 / 装饰材料 / 自然采光 / 空间规划

● 案例分析

通过对东西方绘画的叠加，设计师创作了一幅全新的绘画作品，这被认为是未来文化平衡与共同繁荣的灵感源泉。它不受限于重现两方传统的表现手法，将原属于不同地方发展而来的形体、材质、图样、线条重新拆解、组合，简约地应用于空间中，创造出的是一个并非相互包容的空间，而是一个没有比重区别的相互融合的空间，它能让东西方文化特色在这里达到无违和感的平衡。

空间规划
SPACE PLANNING

平面图 / Space Plan

01 客厅 / Living Room
02 餐厅 / Dining Room
03 厨房 / Kitchen
04 主卧 / Master Bedroom
05 主卫 / Master Bathroom
06 书房 / Study Room
07 多功能区 / Functional Area
08 卧室 / Bedroom
09 储物间 / Storage Room
10 卫生间 / Bathroom
11 入口 / Entrance

案例赏析

简约风 SIMPLE STYLE

案例分析/案例赏析

Ridge: Intuitive Life, Layered Structure
峦——直观人生架构层叠

项目信息 \ 设计理念 \ 装饰材料 \ 自然采光 \ 室内色彩

扫码查看电子书

项目信息 | Project Information

设计公司 / 玮奕国际设计
设计师 / 方信原、洪于茹
项目地点 / 台湾
项目面积 / 180 m²
主要材料 / 意大利进口类水泥瓷砖（THK/20MM）、钢刷橡木皮染色喷漆处理、THK/9MM 铁板、皮革、麻纱绷布、灰色石材（安格拉珍珠）仿古面处理、灰色强化玻璃（THK/10MM）、海岛型木地板、冷喷漆等
摄影师 / Hey!Cheese

Design Company / Wei Yi International Design Associates
Designers / FANG Xin-Yuan, HONG Yu-Ru
Project Location / Taiwan
Area / 160m²
Main Materials / concrete tile imported from Italy(THK/20MM), steel brushed oak veneer with spray painting finish, THK/9MM iron plate, leather and flaxen cloth, grey stone(Ankara Pearl Marble) with antique finish, gray reinforced glass THK/10MM, engineered flooring, cold spray paint,etc
Photographer / Hey!Cheese

设计理念
DESIGN CONCEPT

Inspired by the landscape of hills outside the window, spatial planning of Ridge is centered on the design approach of layering, that is, showcasing the structure layer by layers like hills, which turns out to provide a habitat with an initial state of peace and abundance.

取灵感于窗外的山峦景观，"峦"的空间规划以层叠式设计为中心，形体结构如山峦般层层呈现，给予人心境的安定与富足。

项目信息 \ **设计理念** \ 装饰材料 \ 自然采光 \ 室内色彩

● 案例分析

● 取材于自然，抚慰于人心

家的闲情逸趣

居住之外，"峦"的空间功能还注入了以文会友的闲情逸趣。而茶和酒，已然成为文人雅士不可或缺的待客之物。旧木回到生活中化作茶几获得新生；灰色玻璃围合成酒窖仿若另一方天地。禅茶一体，酒通仙道，由屋主对品质生活的细节体现，可知其外在物质与内心静笃共取之的平衡探求。

取材于自然，抚慰于人心

空间线条非常整洁，天花板温润的木质把温柔撒向整个公共领域，而打磨过的石材承接着这份柔情。"峦"虽然以冷静的深灰色为主调，但自然之材使之丝毫不显冷厉，能让居室与人都在最放松的时候融入自然。

客餐厅开放式空间在有限面积里给人营造最大化的空间感受。天花板木格栅与灰色雾面地砖平行相对，将整个空间从横向上无限延展出去。低彩度的冷色调穿插于细腻的材质关系，加之光影变化下的明暗转换，淋漓尽致地刻画出空间多面向的层次感。

装饰材料 / DECORATIVE MATERIALS

名称	性能	搭配
 进口类水泥瓷砖	水泥瓷砖是仿古砖的一种，既有水泥的古朴、踏实和简约大气的特点，又有瓷砖时尚多变、耐用、易清洁、不起尘等优势。	灰色屋面的地坪让空间非常简约时尚，能最大程度上吸收杂色并突出明亮沙发成为空间重点。
 皮革	皮革沙发是现代家居常见的家具，透气性、柔软性都非常好，坐卧体验佳且耐脏、清洁方便。	灰色空间中，橙棕色沙发成为客厅主角，宣示着客厅的会客功能。
 安格拉珍珠大理石	大理石的加工工艺丰富，在室内设计中具有很强的装饰性。	对灰色石材做仿古处理，给空间增加复古感，增添历史人文气韵。皮革、木作、石材和金属在统一空间中发生碰撞与融合，丰富了空间表情。
 黄铜桌	黄铜通常是由铜和锌组成的合金，当然也有两种以上合成元素的特殊黄铜。黄铜具有较强的耐磨性，装饰效果也非常亮眼。	在极具包容性的灰度空间中，置入橙棕色家具、亚光黄铜几案，让室内氛围雅致而不喧闹，安逸不单调。
 旧木茶几	—	旧物总能给人温馨和熟悉感，设计师让旧木回到生活中，化作茶几而获得新生。
 麻纱崩布	麻纱产品布面有纵向宽窄不等的细致条纹，手感真实挺爽，拉扯耐力，不容易拔丝。	卧室采用更具亲和力的木地板，搭配麻纱崩布床背，让空间更显舒适亲和。

项目信息 / 设计理念 / 装饰材料 / 自然采光 / 室内色彩　● 案例分析

自然采光
NATURAL LIGHTS

本案户型开窗面非常大，带来了充足的阳光，也给室内注入了自然活力；阳光照亮室内彩色家具的同时，与室内沉稳的灰调相得益彰。

大窗户前有布满岁月痕迹的旧木，与黄铜茶几的光泽表面形成鲜明对比，材质的混搭倒也为空间平添了几分趣味。出自荷兰建筑师里特维尔德之手的红蓝椅，在静谧的深色背景中担当主角，仿佛从无声的画面跳脱出来，开启现代建筑语汇与低度设计空间的对话。

室内色彩
SPACE PLANNING

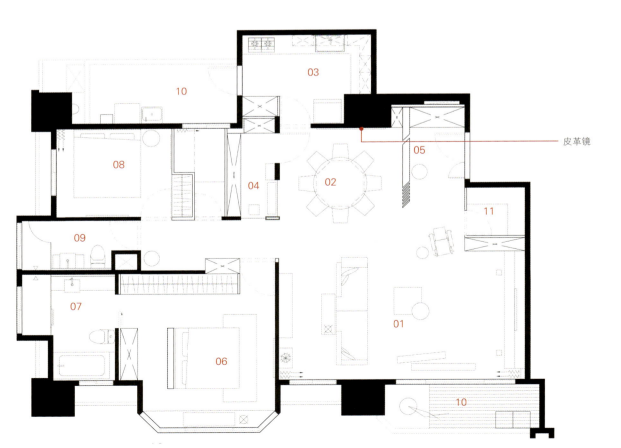

皮革镜

平面图 / Space Plan

01 客厅 / Living Room
02 餐厅 / Dining Room
03 厨房 / Kitchen
04 酒窖 / Wine Cellar
05 入口 / Entrance
06 主卧 / Master Bedroom
07 主卫 / Master Bathroom
08 客卧 / Guest Room
09 客卫 / Guest Bathroom
10 阳台 / Balcony
11 储物间 / Storage Room

简约风 SIMPLE STYLE

项目信息 / 设计理念 / 自然色彩 / 装饰材料

案例分析 / 案例赏析

Spread the Wings and Fly Up

展翅高飞

扫码查看电子书

项目信息 | Project Information

设计公司 / 分子设计
设计师 / 赖昱承
项目地点 / 台湾台中
项目面积 / 165 m²
主要材料 / 石材、铁件、木作、磁砖等
摄影师 / 李国民空间摄影事务所

Design Company / Mole Interior Design
Designer / Lai Yu-Cheng
Project Location / Taichung, Taiwan
Area / 165m²
Main Materials / stone, iron, carpentry, tiles, etc.
Photographer / Li Kuo-Min Studio

设计理念
DESIGN CONCEPT

The original layout of this 165m² townhouse is limited by the foundation, so that the original shape of the building is long and narrow. The public bathroom is located in the triangle place of the rear side, making the house narrow and impermeable. Because of the above shortages of the house, the kitchen, the dining table and the living room are design in parallel relation, combining the front, middle and rear areas to echo with each other; then, the reasonable arrangement of colors and furniture exudes the depth of the house.

　　165m²的透天别墅，其原户型受限于地基关系，建物原始状貌较为狭长；公卫位于最后侧的三角位置，使屋型显得狭隘不透气。由于上述户型缺陷，设计师安排厨房、餐桌、客厅三者为平行关系，凝聚前、中、后的空间，使之互为呼应；其次，通过色调及软装家具的合理分布，展现居宅的深度层次。

● 私享领域的独特性

私享领域的独特性

　　卧室采以浅色大理石建构桌台，简易通透地界定出私密领域的独享空间。设计师借深色木纹带出质朴风韵，在卧室配置了大面积的柜体，这除了能满足收纳需求，也保留了未来增加电视机的可能性。

功能小而全的公卫

　　公卫选用浅色磁砖展现清爽质感，再配置可透光的铁件门片，既确保隐私性，也适量引渡光线、维持清透感，打造出麻雀虽小、功能俱全的使用空间。

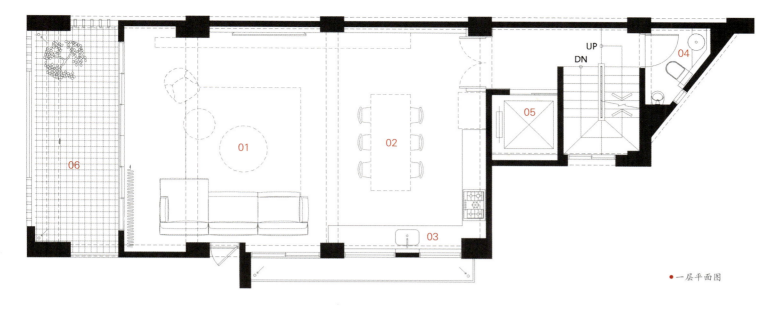

● 一层平面图

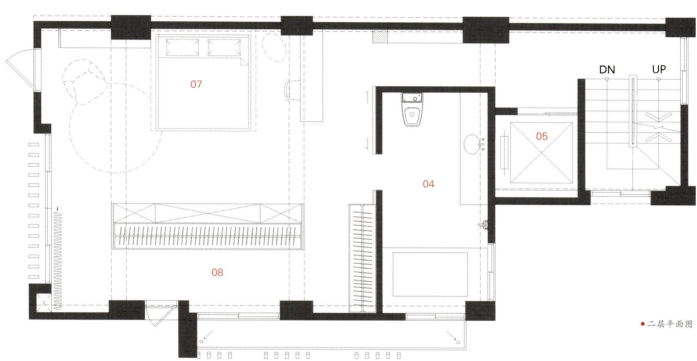

● 二层平面图

项目信息 ＼ 设计理念 ＼ 自然色彩 ＼ 装饰材料

○ 案例分析

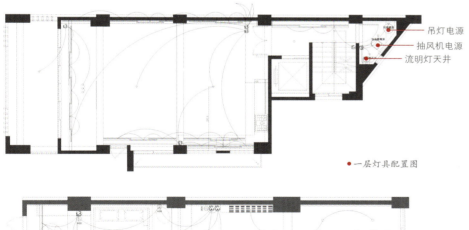

● 一层灯具配置图

— 吊灯电源
— 抽风机电源
— 流明灯天井

● 二层灯具配置图

一层平面图 / 二层平面图
1st Floor Plan / 2nd Floor Plan

01 客厅 / Living Room
02 餐厅 / Dining Room
03 厨房 / Kitchen
04 卫生间 / Bathroom
05 电梯厅 / Elevator
06 阳台 / Balcony
07 主卧 / Master Bedroom
08 衣帽间 / Walk-in Closet

自然色彩
NATURAL COLORS

客厅坐拥三面采光，利用开窗营造明亮氛围，并挹注灰色、白色等低调铺叙，在天然质感和纹理之中奠定空间的清冷基质；电视墙则呈现延伸尺度，采用极细直的方管铁件贯穿架构，营造视觉上的轻盈质感，并与客厅陈列的红色家具产生反衬，恰如其分地网罗焦点，创造整体空间的灵魂要角。

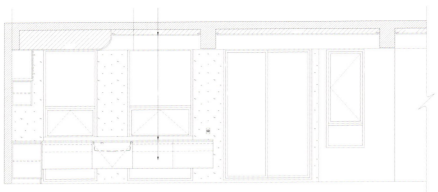

●厨房侧橱柜立面图 1

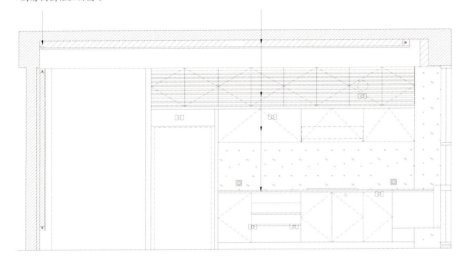

●厨房侧橱柜立面图 2

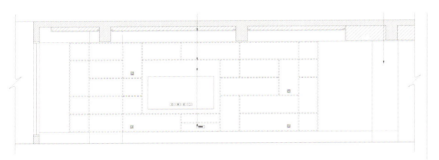

●开放橱柜立面图

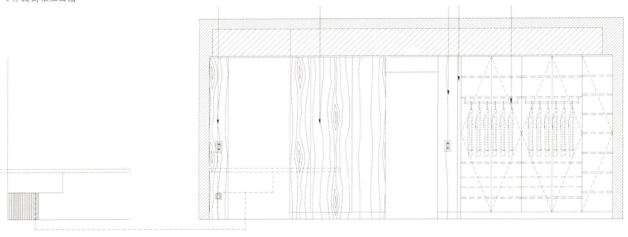

●卧室立面

●卧室立面

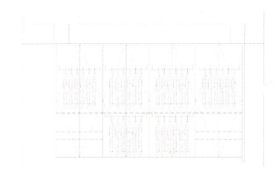

●主卧更衣区立面

台式风格设计擅长运用石材展现现代住宅的时尚气质，石材的坚毅经过打磨，配以亲和的原生木材能给人仿佛置身于大自然的空间体验。

客厅采用金属拼接的定制铁艺框架代替传统意义上的电视柜，黑色的框架在灰色空间中演绎不一样的空间节奏，给简约的设计增加通透的线条美。

名称	性能	搭配
 红色布艺圆几	—	整体宁静柔和的中性灰客厅中，加入一个红色绒面圆几，瞬间点亮了空间。只要找到合适的方法，创造空间的设计亮点可以轻而易举。
 圆斑石材	台式住宅设计中经常可以看见石材的运用，种类繁多。石材具有耐火、环保、耐旧的特点，深受消费者喜爱。	平整的客厅形象中加入不规则自然斑纹的石材，很好地丰富居者的审美感受。
 黑钛金	在不锈钢装饰中占据着非常重要的地位，黑色表现出庄重的高品位感。	镜面效果很好地扩展了视野，让空间更通透、时尚。
 浅色直木纹瓷砖	木纹瓷砖以线条明快、图案清晰为特点，具有一定的阻燃性、耐腐蚀、耐磨等优点，是绿色、环保的优质建材。	流畅的直木纹给空间舒畅的线条感，且瓷砖的材质触感给人光洁明亮的空间感受。

● 案例賞析

极简设计

干净利落的天花角线,与墙体纵向线条相呼应,立体感和层次感油然而生,是现代极简家居设计的典范。

简约风 SIMPLE STYLE

案例分析 / 案例赏析

项目信息 / 设计理念 / 装饰材料 / 空间规划

The Destination of Traveller in a Busy City

繁忙都市中的归旅

扫码查看电子书

项目信息 | Project Information

项目名称 / 毕公馆
设计公司 / 大雄设计
设计师 / 林政纬
项目地点 / 台湾
项目面积 / 99 m²
主要材料 / 木皮、石皮、超耐磨木地板、铁件等
摄影师 / 岑修贤

Project Name / Bi's Mansion
Design Company / Snuper Design Inc.
Designer / Lin Zheng-Wei
Project Location / Taiwan
Area / 99 m²
Main Materials / wood veneer, stone veneer, ultra wear-resisting wooden floor, iron, etc.
Photographer / Sam

设计理念
DESIGN CONCEPT

The house is located in the city. It is the resting-place where the city traveller expects to return and own. In the small living place of the modern city, the designer hopes to improve the quality and texture of space. With the transparent space and light, the spatial pattern is enlarged, and the scope of living activities is no longer limited. Therefore, the designer develops the concept of 1LDK (Living, Dining, Kitchen), combining the living room, dining room and kitchen into one room to express a comfortable and casual feeling, and also be used as a living proposal for a long-term residence.

项目信息 / **设计理念** / 装饰材料 / 空间规划 / ○ 案例分析

房子坐落于都市一隅，是城市旅人期待回到的和真正得到的一方休憩地。在现代都市狭小的生活居所中，设计师希望将空间的质量和质感提高，凭借通透的空间和光线，放大空间的格局，让人活动的范围不再受限。因而，设计师围绕1LDK概念展开设计，把起居室、餐区、厨房（Living、Dining、Kitchen）结合为一室，表达一种舒服、随意，同时也作为长久居住使用的生活提案。

悬空的鞋柜

在玄关部分，设计师融入了悬空的柜体，去除柜子的厚重感，彰显出入家门的轻快心情。由此处一探身，便是宽敞的客厅。

餐桌与中岛相接

餐厨空间以墨黑色为底，造型新意的吊灯在深色中装扮出一点点趣味。在长方形的实木桌进餐，可望见窗景，而实木桌和中岛相连的结构在必要时能满足多人就餐的需求。

木门隔断

客厅与卧室以电视背景墙左侧的一扇木作拉门为隔断，书架与私人空间也仅以木作拉门为划分，当门没有拉上时，室内会显得格外通透。卧室内，设计师巧妙设计了镜子元素，延展空间视觉感受。此外，大柜子的存在可以完美收纳衣物等物品。

多功能客厅

办公、写字、谈话、待客、阅读等，客厅包含了多样的功能设计，甚至餐区也构成客厅的一部分。这些赋予家不受限的特点，空间的角色随着人的使用而不停地变动。映入眼帘的是窗外的街景、格子般的房屋，城市的肌理缓缓从窗景进入屋内。L形的沙发可以允许多人就坐，增进互相之间的交流。沙发后方设计一个临时书桌，顾及了屋主喜爱阅读的习惯，也增添空间语言的多变性，随手拿起一本书，看看窗外的风景，惬意自适就悄然进驻屋内和赏书观景的人心中。

设计师用自然的石材、木板与铁件元素，并保留材质原始质感，不做多余装饰和改变，表现出粗犷的电视背景墙与质朴的地板纹理、简约的书架等，赋予空间浑然天成的自然氛围，为居住者营造了平和、自在的空间。

装饰材料
DECORATIVE MATERIALS

名称	性能	搭配
 超耐磨木地板	表面是一层木纹纸加上防水抗磨的三氧化二铝保护层，主结构是用木屑打成细粉加上黏着剂继而经过高温高压挤压而成的高密度板，环保、低甲醛、易保养，具有很高的耐磨性，不足主要是不耐潮湿。以锁扣进行拼接，密合度高，不易卡污垢。	超耐磨木地板因其耐磨、耐用的性能受到有小孩或养宠物家庭的特别青睐，也被环保意识高的人士用来取代实木地板。虽然会缺少实木触感，但木纹依然能让室内多一些自然感。
 石皮	多见于台湾地区的外墙、电视墙装修设计，是一种表面装饰用料，有不易变形、无污染、不褪色、耐用的优点。	石皮电视墙有石料的材质，但避免了石块的笨重感，产生低调、简约的格调，同时与餐厨空间的墨黑色协调。
 铁件书架	铁件通常不做艳色，金属光泽适合人眼观看，打造的格柜、书架一般具有简洁、通透的特性，实用性强。	敞开式书架与开放式格局相依，使得阅读不再被局限，或坐或站，光影巧妙嬉戏，人文气息不言而喻。书架和客厅左侧的悬浮柜体都可以放上爱旅行的主人带回的艺术品或纪念品，如此，屋子一天天有了人居住的痕迹。

空间规划
SPACE PLANNING

一室一厅一厨是1LDK概念对单身公寓的具体布局主张，在本案中，设计师采用开放式手法处理室、厅、厨的关系，加深空间的景深和纵深感，使得室内动线更有利于男女主人的快速移动。在此基础上，大面窗户引入的温度与光线获得高利用率，且格栅窗帘可调整进光量，也给室内带来隐约的光影。设计师还在客厅四周设计了临时书桌、置物柜等，充分调动和挖掘空间的实用性功能。

○ 案例赏析

【奢华风】

推崇奢华之美,挖掘生活空间里的哲学,以精致细节搭配,营造时尚的都市之家。

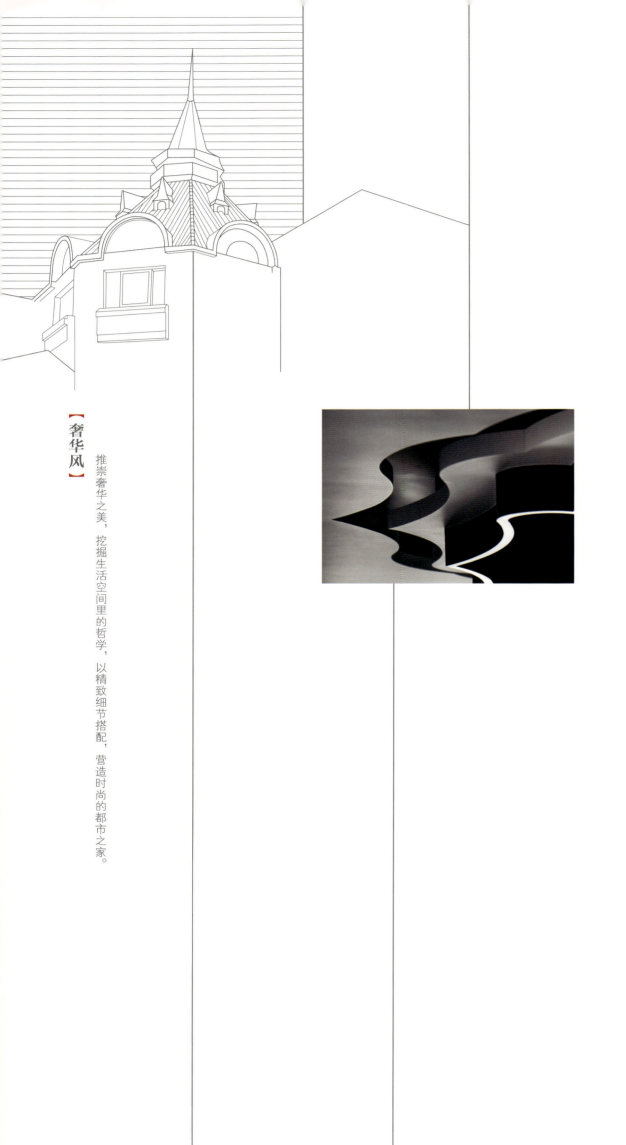

第三章
奢华风
LUXURY STYLE

自然色彩 / Natural Colors
照明设计 / Lighting Design
室内绿化 / Indoor Virescence
自然采光 / Natural Lighting
空间规划 / Space Planning
装饰材料 / Decorative Materials
设计理念 / Design Concept

奢华风 / LUXURY STYLE

项目信息 / 设计理念 / 装饰材料 / 照明设计

案例分析 / 案例赏析

Montage's New Melody

蒙太奇的新旋律

扫码查看电子书

项目信息 | Project Information

项目名称 / 蒙太奇 又一变
设计公司 / 天坊室内计划
设计师 / 张清平
项目地点 / 台湾台中
项目面积 / 1213 m²
主要材料 / 大理石、铁件、金属、实木等

Project Name / Montage Another Change
Design Company / TINE FUN Interior Planning Ltd
Designer / Chang Ching-Ping
Project Location / Taichung, Taiwan
Area / 1213m²
Main Materials / marble, iron, titanium-coated metal, solid wood, etc

设计理念
DESIGN CONCEPT

极妙的书墙

铁件搭配实木是经典的组合，打造出左右两侧高耸的特色书墙。当光线从外面照射进来，斑驳的光影让整体书墙更精致。而书墙与后方预设通道的搭配，使视觉层次提高，让人可靠着俯视，呈现图书馆概念与书香人文气息。

The change of man comes from thoughts, while the change of space originates from the culture created by man.

In this land, culture has deeply affected people's lives and formed a unique warmth and generousness, which is pursuing fashion and new, diversity and inclusion, good at giving up, having the courage to innovate and also skilled at seeking roots, bringing people a smile and warmth. Together, they form a warm and slow life impression of spatial aesthetics.

Use montage's design technique to deconstruct the warm and slow life of culture, break the traditional way, directly collide with the exterior building and interior, classical and modern elements, and recombine into a luxurious and fashionable space with classical taste and strong modern flavor. The elements simplified and refined are condensed into the symbols of space, solidified a melody, and they are sung in low voices in space.

　　人的变，源于想法。空间的变，源于人所创造的文化。

　　在这土地上，文化深刻影响了人的生活，形成了独特的温暖包容，它趋时求新、善于扬弃，又擅长寻根，这些特征共同构成了多元、温暖、慢活的空间美学印象。

　　以蒙太奇设计手法解构文化的温暖慢活，打破传统方式，把室外与室内、古典元素与现代元素进行直接碰撞，重组成既有古典品味又具有强烈现代气息的奢华时尚空间。经过简化提炼的元素，汇聚于空间的符号里，凝固成的旋律，在空间中低声吟唱。

极美的挑空

　　客厅作为整体空间的核心，运用挑空的建筑优势，拥有整面透明的落地窗，创造广阔的视野，极度简约又极为奢侈，是对美的享受，也是对生活的馈赠。

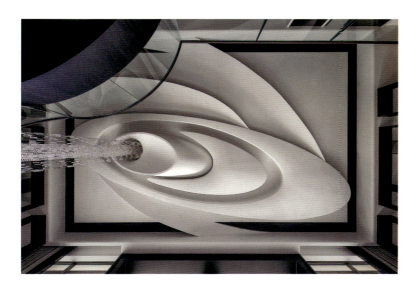

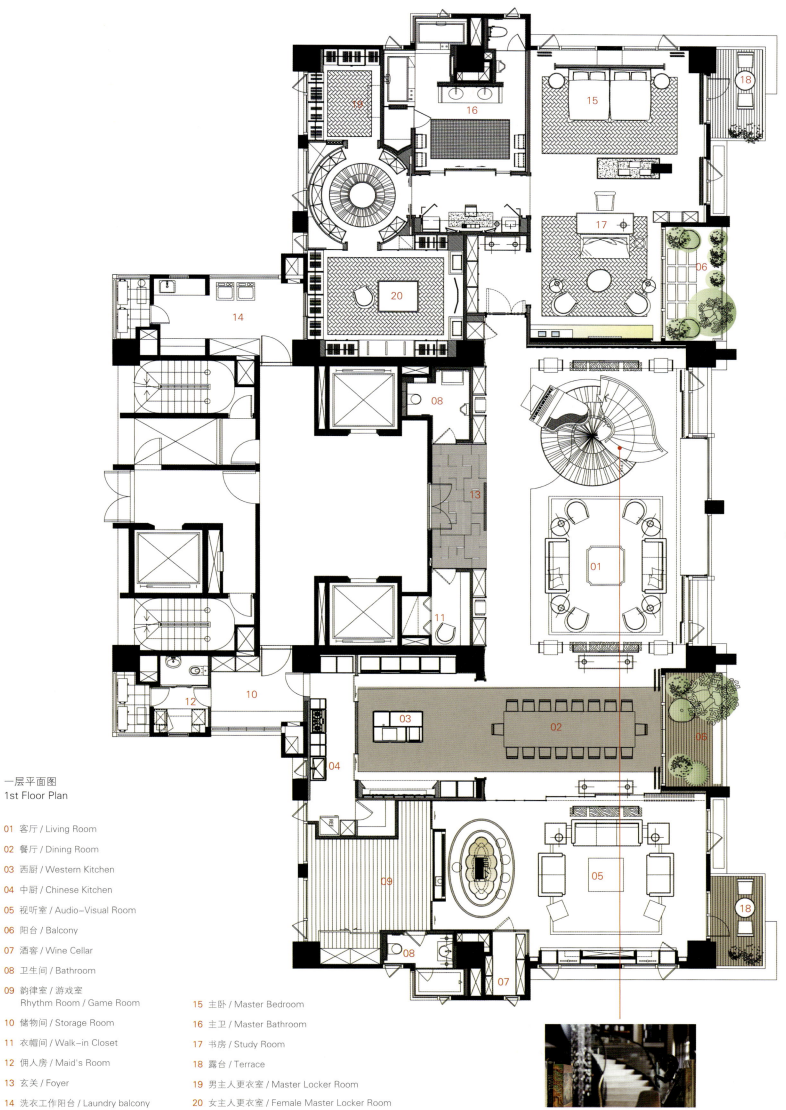

一层平面图
1st Floor Plan

01 客厅 / Living Room
02 餐厅 / Dining Room
03 西厨 / Western Kitchen
04 中厨 / Chinese Kitchen
05 视听室 / Audio-Visual Room
06 阳台 / Balcony
07 酒窖 / Wine Cellar
08 卫生间 / Bathroom
09 韵律室 / 游戏室 Rhythm Room / Game Room
10 储物间 / Storage Room
11 衣帽间 / Walk-in Closet
12 佣人房 / Maid's Room
13 玄关 / Foyer
14 洗衣工作阳台 / Laundry balcony
15 主卧 / Master Bedroom
16 主卫 / Master Bathroom
17 书房 / Study Room
18 露台 / Terrace
19 男主人更衣室 / Master Locker Room
20 女主人更衣室 / Female Master Locker Room

项目信息 / 设计理念 / 装饰材料 / 照明设计　●案例分析

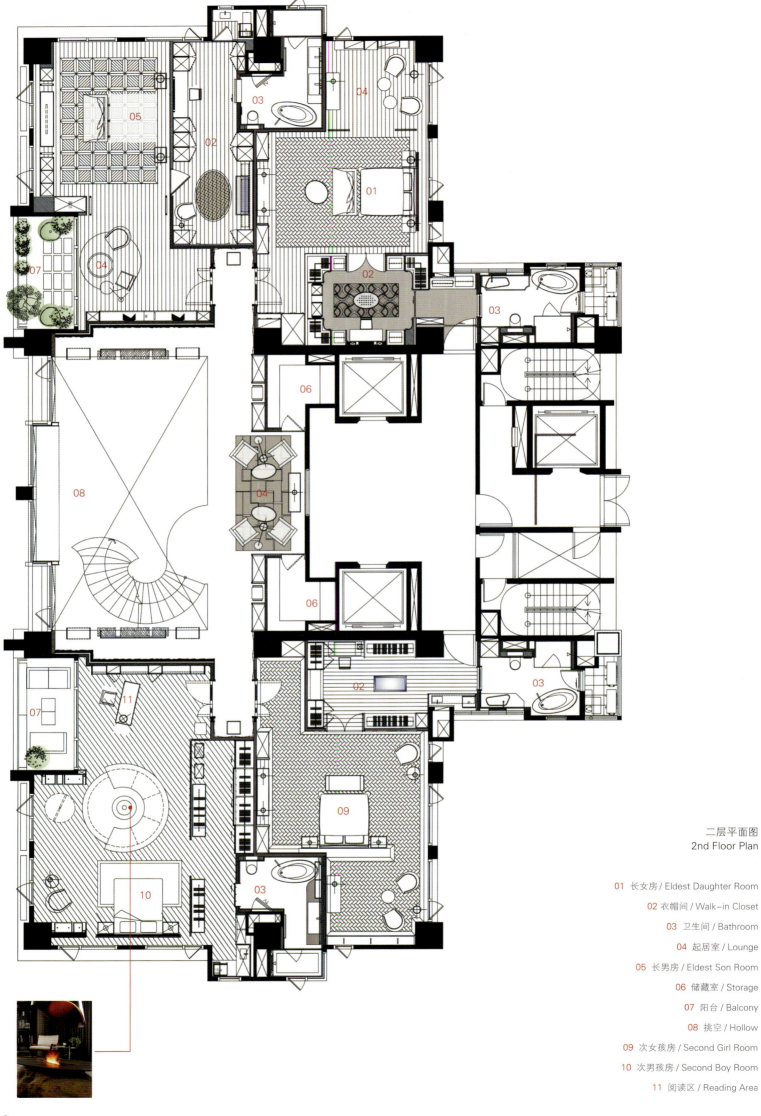

二层平面图
2nd Floor Plan

01 长女房 / Eldest Daughter Room
02 衣帽间 / Walk-in Closet
03 卫生间 / Bathroom
04 起居室 / Lounge
05 长男房 / Eldest Son Room
06 储藏室 / Storage
07 阳台 / Balcony
08 挑空 / Hollow
09 次女孩房 / Second Girl Room
10 次男孩房 / Second Boy Room
11 阅读区 / Reading Area

整个空间透过各种材质的细腻与温润，浑然释放，阳光透过大面玻璃窗洒进，同时也由窗户延伸到室外的风景，模糊了界限，却开阔了视野。用设计的语言，在空间文化与美好生活的关系中，歌咏了一曲有关文化、有关温暖、有关生活的诗。通过材料本身的特性与气质，形成独特的空间美学力量，大器而温暖，时尚又慢活，让人深刻于心。

装饰材料 DECORATIVE MATERIALS

名称	性能	搭配
黑白根	黑白根的主要材质是大理石，黑色系，花纹分布均匀。主要特征是底色黑，根状有白花，光泽度好，易胶补。	以黑白根大理石作为玄关通道的主要材料，拼接几何造型的白色大理石，色调奢华，气质典雅，多适用于公共空间。
玉石	不同于木材、金属、玻璃等常规我们已熟知的材质类型，它在颜色、透明度、光泽等视觉特征上具有独特的特点。淡绿色，流纹状，属于高端装饰材料。	用玉石当视听室的电视主墙，色泽光亮，纹理清晰，加上壁炉造型，打造自然休闲的聚会空间。泡茶桌用玉石当桌板，呈现自然纹理，打光后就像一座造型夜灯。
热熔玻璃	又称水晶立体艺术玻璃称熔模(Ssgging)玻璃，是开始在装饰行业中出现的新家族，源于西方国家，近几年进入国内市场。属于玻璃热加工工艺，即把平板玻璃烧熔，凹陷入模成形。图案丰富、立体感强、装饰华丽、光彩夺目，解决了普通装饰玻璃立面单调呆板的感觉。	跨越现有的玻璃形态，充分的发挥了设计者的艺术构思，把或现代或古典的艺术形式融入玻璃之中，纹理生动，凹凸有致，与水晶灯形成很好的呼应。
石材拼花	石材拼花在现代建筑中被广泛运用于地面、墙面、台面等装饰，以其石材的天然美（颜色、纹理、材质）加上人们的艺术构想"拼"出一幅幅精美的图案。	三色石材组合而成的圆形拼花，造型清晰时尚，层次感强，重点突出空间的中心位置。另外，石材的抛光工艺让空间更明亮奢华。
镜面	镜子的表面，是金属切削加工的最高境界，能清晰倒影出物品影像的金属表面。平整度和光洁度越高，镜面反射效果越好。现在较多用于室内设计，可以拉伸和扩大空间感受。	挑高梁带巧妙利用镜面分割空间，放大与修饰梁带线条，梁带又使用石材及壁面石材互相搭配，凸显变化与空间肌理。

项目信息 \ 设计理念 \ 装饰材料 \ 照明设计 ● 案例分析

照明设计
LIGHTING DESIGN

对于大空间的灯光设计，要善于灵活运用灯光配置，让照明本身成为一件艺术品。灯光作为室内设计的一部分，要融入到家具中，不再只是照明功能，既可营造环境氛围，又能强化空间设计感。

卧室同样以华丽的树枝造型做呼应，下方特别设计的燃烧火炉装置极为逼真，雅致的柔光作为开端，是现代思维下的设计表现，且多材质之间的转换开启了活泼的律动。此外，床头两侧大大的圆柱形台灯，艺术与机能并重，营造良好的视觉气氛与触觉感知。

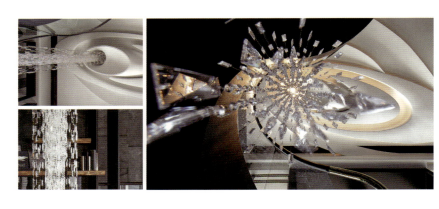

客厅层高较高，开阔感强，在灯光的选择上应选择相对更有气势一些的灯具。如 6m 高的水晶灯，是用上万颗晶莹剔透的水晶串联起来，由天花板延续至整个空间，像瀑布般倾泻而下，既可以照明又起到很好的装饰性，给人极强的震撼感。

视听室侧重精致，玉石墙壁凸显空间质感，因此运用华丽的树枝灯，既能表现空间的奢华感，又不会过于厚重。金色的树枝与水晶彼此交融，最能吸引目光的焦点，是空间的点睛之笔。

案例赏析

极简的色彩

舍弃张扬,整个室内设计以黑白灰为格调,白色能呈现住宅最自然纯粹的本质,黑色则展现出艺术与前卫的气质,自然与艺术的平衡,大大提升了家的美学魅力。

起居室、餐厅、视听室均有实木书墙当隔间,在餐厅与视听室之间有着一道半开放的电动门,实现全开放及半开放的灵活变化。

实木隔断

优美的几何线条，从天花板延伸到楼梯、家具，细腻丰盈，为整体空间颜值加分，让原本简洁的空间更添层次，它代表着对高品质生活细节的追求。

◯ 极佳的圆弧

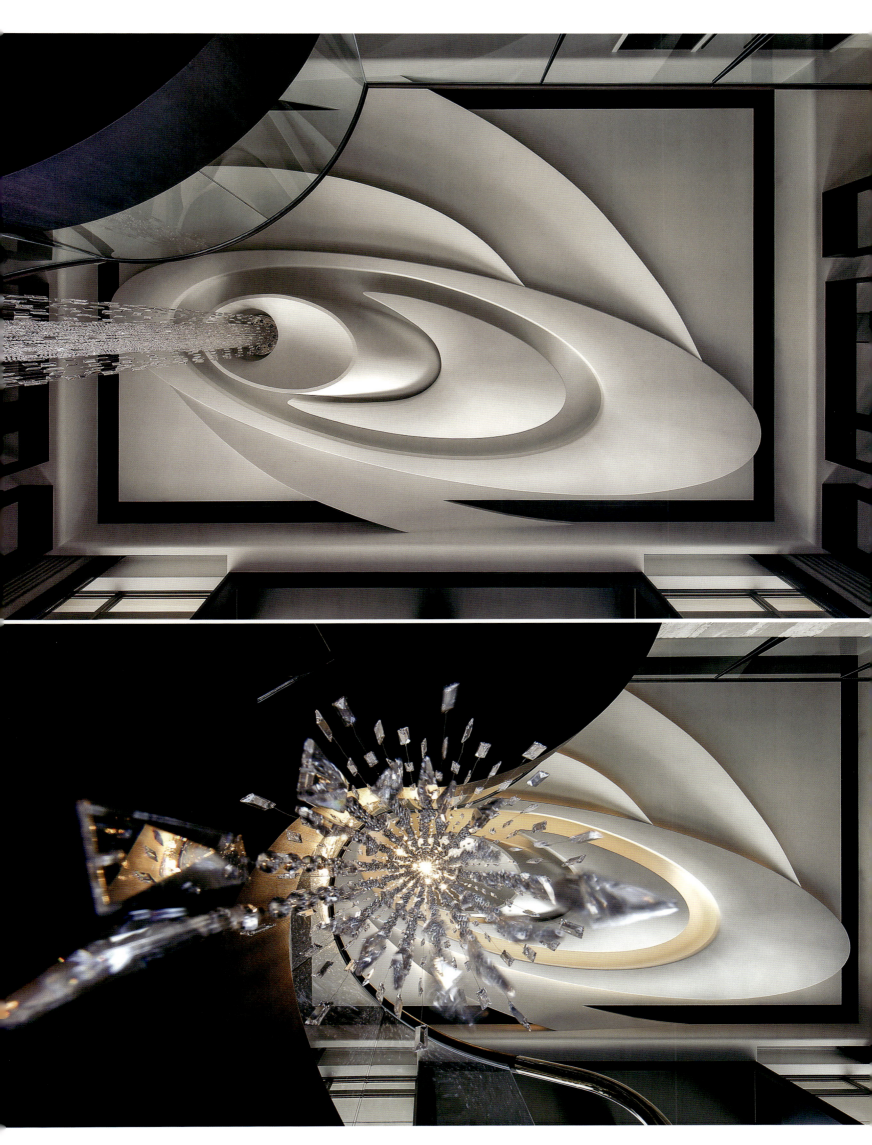

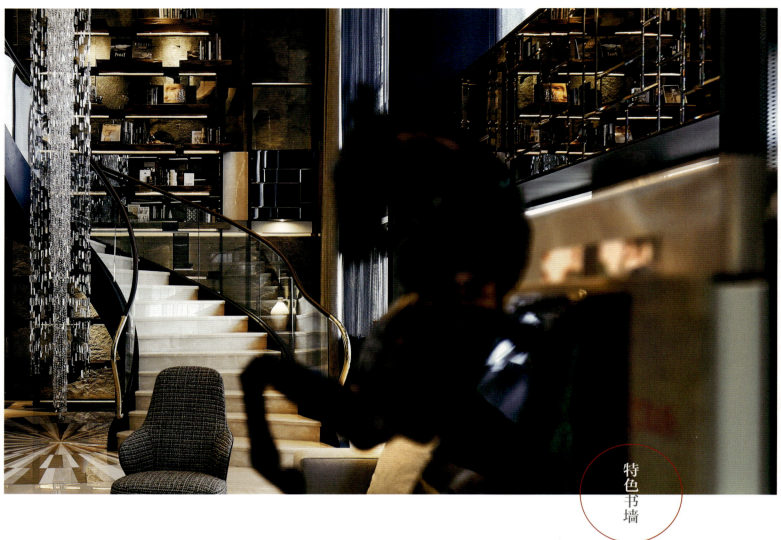

特色书墙

左右两侧有高耸的书墙，铁件搭配实木，既牢固实用又简约大方，一侧整面落地窗的设计，让光线可以直接过滤到书墙上，这样的别致安排让整体书墙更显精致温润。

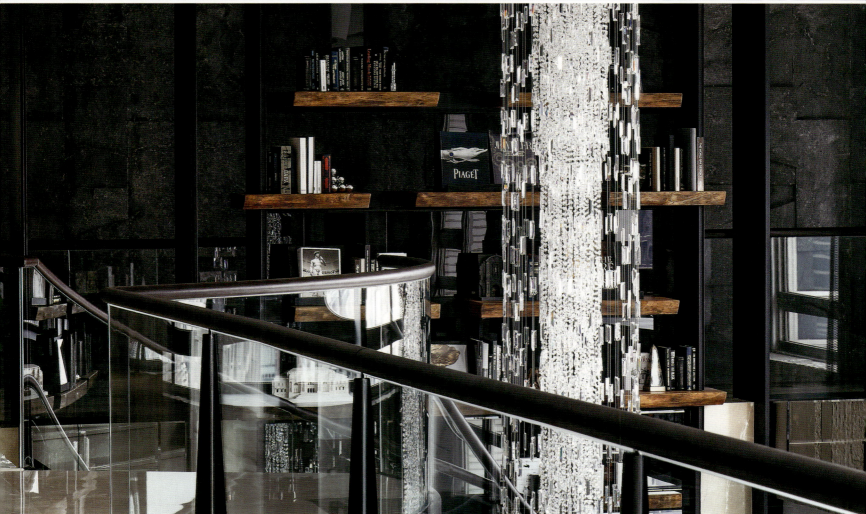

1 长男房
2 次男房
3 长女房

奢华风
LUXURY STYLE

案例分析 / 案例赏析

项目信息 〉设计理念 〉空间规划 〉装饰材料 〉照明设计 〉自然色彩

Feelings Beyond Time and Space
超越时空的情怀

扫码查看电子书

项目信息 | Project Information

项目名称 / 新庄翁邸
设计公司 / 超美学事业体·刘荣禄国际空间设计
主要设计师 / 刘荣禄、黄沂腾、陈福南
协同设计师 / 邱如怡、刘骐维、周筱婕、谢宜臻、严翔庆
项目地点 / 台湾新北
项目面积 / 486 m²
主要材料 / 橡皮纹木皮、皮革、仿古镜、银波玻璃、镀钛、石材、人造石、磁砖、绷布、镜面、壁纸、铁件、实木地板、夹纱玻璃等
摄影师 / 李国民空间影像事务所

Project Name / Weng Mansion in Xinzhuang Area
Design Company / VERY SPACE
Chief Designers / Louis Liu, Huang Yi-Teng, Chen Fu-Nan
Participant Designer / Qiu Ru-Yi, Liu Qi-Wei, Zhou Xiao-Jie, Xie Yi-Zhen, Yan Xiang-Qing
Project Location / New Taipei City, Taiwan
Area / 486m²
Main Materials / rubber-grained wood veneer, leather, antique mirror, silver wave glass, titanium, stone, artificial stone, tile, fabric, mirror, wallpaper, iron, solid wood floor, yarn-wired glass, etc.
Photographer / Li Kuo-Min Studio

设计理念
DESIGN CONCEPT

Home is more than space. It contains rich history and emotions and eventually forms a home full of temperature and hereditary value with the accumulation of life of the family. Designers integrate emotion into space, give them cultural and historical elements, use fashionable and avant-garde techniques to interpret the neo-classical elements, blending classical and modern in the same space, and affect the emotional exchange between family members through the continuation of spatial lines.

家不仅仅是一个空间，它蕴含着丰富的历史与情感，随着家人们生活点滴的积累，最终形成一个富有温度且具有传世价值的家。设计师将情感融入空间，赋予其文化与历史元素，并运用时尚与前卫的手法诠释新古典元素，使古典与现代交融于同一空间中；更通过空间线条的延续，牵动家人之间情感的交流。

项目信息＼**设计理念**＼空间规划＼装饰材料＼照明设计＼自然色彩 ● **案例分析**

弧形贯穿

一楼以弧形线条贯穿空间，客厅以深色作为主色调呈现历史感，餐厅则使用较简单的材料，让空间的律动产生不同的变化。弧线从客厅、餐厅一直延伸到厨房，营造出巧妙又和谐的互动关系。胶囊外形的中岛吧台亦呼应着圆弧的延伸，以镀钛钢板包覆于外层，不仅塑造出轻盈的感受，更能透过其反射效果突出空间的延续性。

折线线条

二楼以比较具有现代感的折线线条勾勒出新世纪的现代风格。在私人领域空间，为让家人有更紧密的互动关系，设计师特别设计了起居室作为缓冲空间。同时，利用直线及折线线条从起居室延伸至卧房，不仅巧妙地构建出完整流畅的动线，还能给予空间更显纵深的舒展之感。

一层的241m²中，主要分为餐厨空间、酒窖、客卧以及配备书房、步入式更衣室和带独卫的主卧，既有待客、就餐等公共空间功能，也是主人和客人的私人空间。二层共245m²，主要作为私人领域使用，包括起居室和均配有独立浴室的3个小孩房，此外还有茶水室、阳台等生活空间。

空间规划
SPACE PLANNING

项目信息＼设计理念＼**空间规划**＼装饰材料＼照明设计＼自然色彩

● 案例分析

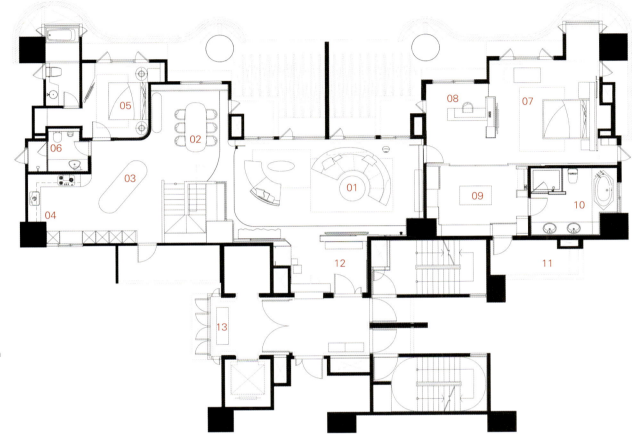

一层平面图
1st Floor Plan

01 客厅 / Living Room
02 餐厅 / Dining Room
03 中岛 / Kitchen Island
04 厨房 / Kitchen
05 客卧 / Guest Bedroom
06 客卫 / Guest Bathroom
07 主卧 / Master Bedroom
08 书房 / Study Room
09 更衣室 / The Dressing Room
10 主卫 / Master Bathroom
11 阳台 / Balcony
12 玄关 / Foyer
13 入口 / Entrance

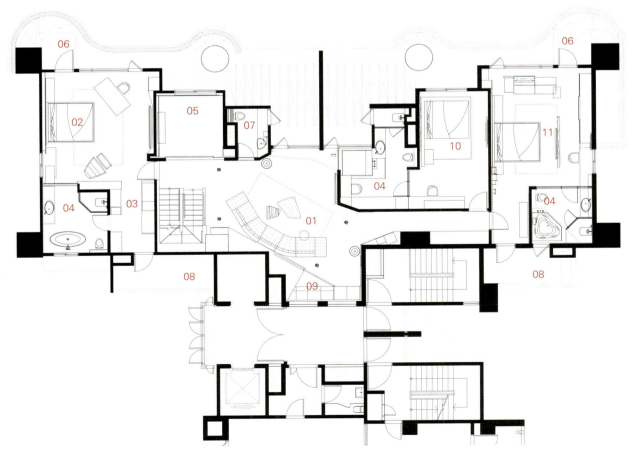

二层平面图
2nd Floor Plan

01 起居室 / Family Room
02 儿童房A / Kids' Room A
03 衣帽间 / Walk-in Closet
04 卫生间 / Bathroom
05 和室 / Tatami Room
06 阳台 / Balcony
07 客卫 / Guest Bathroom
08 工作阳台 / Equipment Space
09 茶水室 / Pantry Room
10 儿童房B / Kids' Room B
11 儿童房C / Kids' Room C

231

装饰材料
DECORATIVE MATERIALS

项目信息 \ 设计理念 \ 空间规划 \ **装饰材料** \ 照明设计 \ 自然色彩

○ 案例分析

名称	性能	搭配
 银波玻璃	一种压花玻璃，所压花纹如波浪，具有良好的艺术装饰效果。因为是压制而成，所以强度比普通平板玻璃大。	以银波玻璃作为柜子的背景墙，并与柜子的镜面相互衬托，避免室内的沉闷感觉。
 白色大理石	多见于台湾地区的外墙、电视墙装修设计，是一种表面装饰用料，有不易变形、无污染、不褪色、耐用的优点。	楼梯以金属与白色大理石等材质作为延伸空间的媒介，柔和弧面渐次拉展为折线，预告着空间风格的转变。
 天然木皮	天然木皮指以天然木材为材料，通过刨切工艺加工形成的厚度均匀的微薄木皮，是一种贴面材料。其保留原木的天然纹理和色泽，自然、环保、弹性较好，价格较天然木材便宜。	在二层空间使用天然木皮，搭配触感柔软和舒适的布艺，带来自然的质感和自在的家庭体验。
皮革	按制造方式分类，有真皮、再生皮、人造革、合成革四种，在室内设计中多以皮革墙面、皮革地面、皮革家具的形式出现，尤其是家具方面，常以皮质沙发、柜子、单椅、灯具、艺术画等反映居者的个性和审美品位。	皮质沙发和抱枕赋予客厅空间特别的气场和更多的立体感，同时曲形与方形的融合、皮质与绒面的结合造就空间兼具硬朗与温柔的特点，散发出魅力。

空间呈现出一种奢华美学，但在照明方面并不追求繁复豪华，而是以造型简洁的创意灯具为主，如客厅的落地灯、餐厅的吊灯、卧室和起居室的嵌入式灯具和台灯等，体现了一份脱俗与轻奢的迷人质感。

照明设计
LIGHTING DESIGN

1 小孩房 C 灯光设计
2 主卧室灯光设计
3 主卫灯光设计
4 起居室灯光设计

自然色彩
NATURAL COLORS

一层利用较浓郁的色调营造出20世纪50年代或60年代的历史氛围，给人沉醉其中却又保持清醒的稳重韵味。二层主色调则跳脱出一层的用色特点，以轻雅、明亮为主，并以天然木皮及柔软布面等元素铺陈，营造出温馨、舒适的居家氛围。整体而言，20世纪50年代的怀旧调性融入20世纪的新思维，且通过线条与色彩的诠释，使得空间在不断交错的时空背景之下产生了另外一种美学，彰显现代都市风尚与古典人文韵味兼具的新陈设主义格调。

● 案例赏析

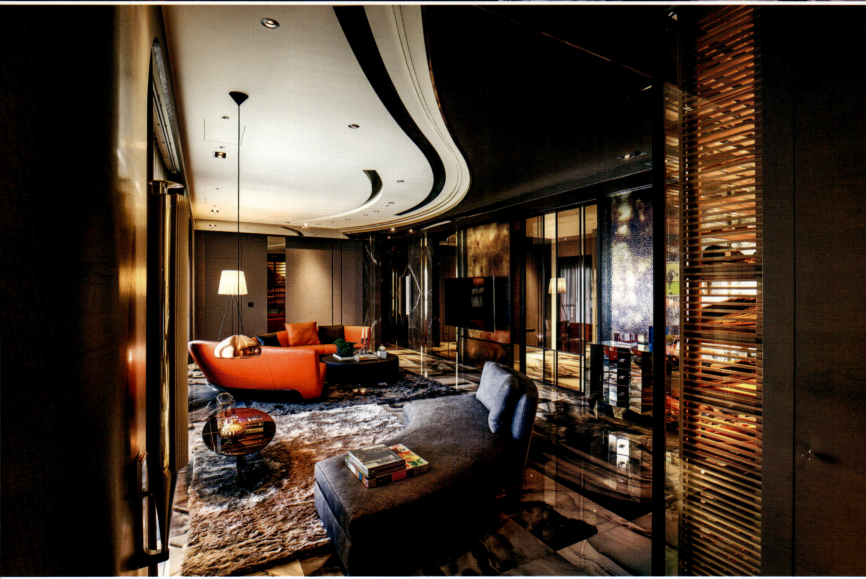

235

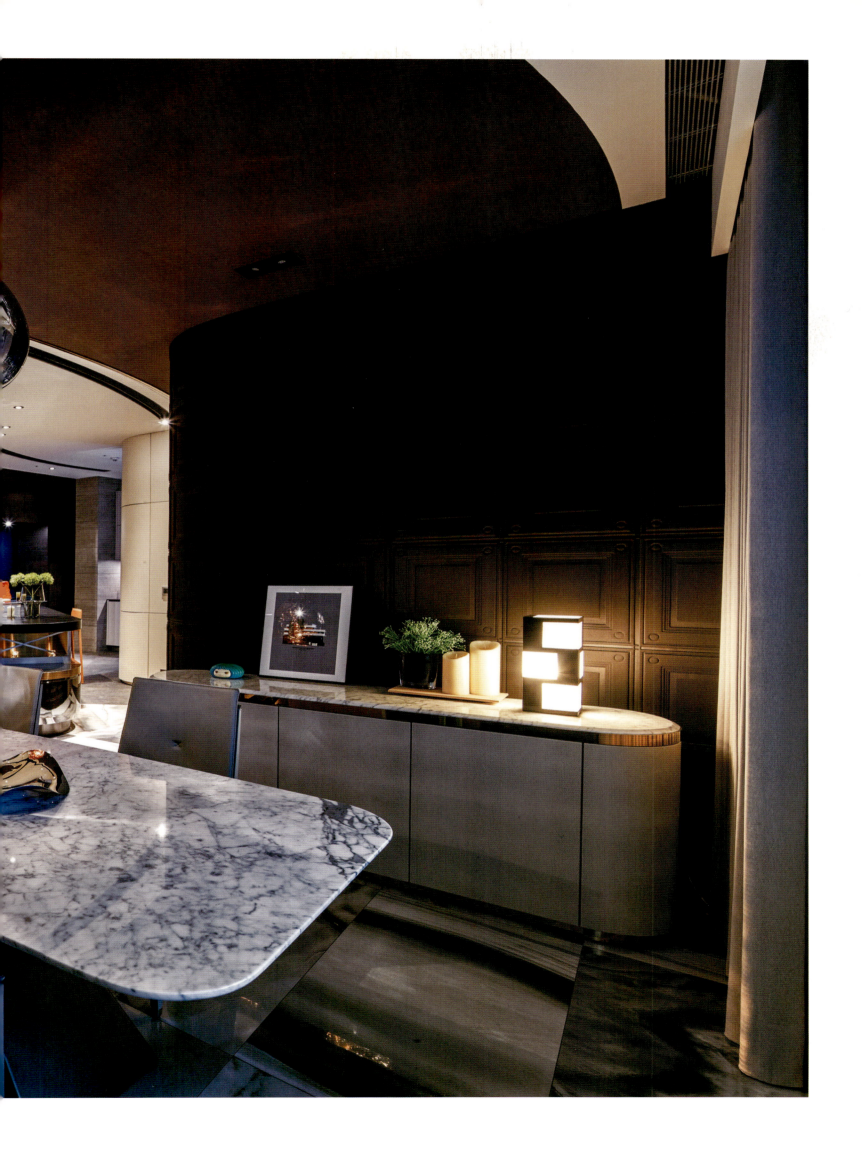

优美的线条与精挑细选的用材围合出一个表现开放式思维的空间，任何一种形式的思想与想象都将在此得到理解，而不受拘束和束缚则激励绽放出人性之光彩，阐释人居环境的哲学内涵。

奢华风
LUXURY STYLE

案例分析 / 案例赏析

The Flavor of Nature Taken From Outdoors, the Feeling of Light Luxury From Indoors

自然之意取于外，轻奢之感源于内

项目信息 \ 设计理念 \ 装饰材料 \ 空间规划 \ 照明设计 \ 自然色彩 \ 引景入室

扫码查看电子书

项目信息 | Project Information

项目名称 / 深翠·轻奢
设计公司 / 超美学事业体·刘荣禄国际空间设计
主要设计师 / 刘荣禄、黄沂腾、陈福南
协同设计师 / 周筱婕、谢宜臻、刘骐维、严翔庆
项目地点 / 台湾台北
项目面积 / 室内122㎡ + 景观112㎡
主要材料 / 木作波浪壁板、木作格栅壁板、橡木、印度黑石材、松柏石石材、卡拉拉白石材、安山岩石条、人文砖、绮岩黑砖、板岩砖、镀钛钢板、不锈钢烤漆、明镜、茶镜、墨镜、铝框门片、烤漆玻璃、胶合玻璃、壁纸、蓝鲸大门、YKK铝窗等
摄影师 / 李国民空间影像事务所

Project Name / Weng Mansion in Xinzhuang Area
Design Company / VERY SPACE
Chief Designers / Louis Liu, Huang Yi-Teng, Chen Fu-Nan
Participant Designer / Zhou Xiao-Jie, Xie Yi-Zhen, Liu Qi-Wei, Yan Xiang-Qing
Project Location / Taipei, Taiwan
Area / interior 122m² + landscape 112m²
Main Materials / wooden wave wallboard, wooden grating panels, oak, Indian black stone, pine stone, andesite stone, tawny glasses, titanium steel plate, stainless steel stoving varnish, paint glass, plyglass, etc.
Photographer / Li Kuo-Min Studio

设计理念 DESIGN CONCEPT

This case is located in the Beitou District of Taipei City, which is a combination of natural environmental resources and urban life functions. The buildings, blocks and landscapes are skillfully connected, and they are separated and echoed. In the "box" of space, the designer advocates the coexistence of gorgeous texture and natural aesthetics, creates a window scenery with a sense of sequence, allows the natural environment to penetrate the room naturally and gives space unprecedented coordination and integration.

At the same time, the designer believes that fashion is a kind of taste, and the historic taste is classic. In the design, the flauntiness is faded to reveal the natural sense of fashion and hope to freeze the space in an eternal moment.

这套作品位于自然环境资源与都市生活机能兼具的台北市北投区，建筑、街区与景观三者间巧妙连结，使彼此既有区隔又相互呼应。在空间这个"盒子"里，设计师主张让华丽质感与自然美学共存，营造富有序列感的窗景，使自然环境自然而然地渗入室内，赋予空间之前见所未见的协调与融合。

同时，设计师认为时尚是一种品位，品位之久远即为经典。在设计中，褪去虚华，流露出自然本质的时尚感，希望将空间定格在永恒的瞬间。

项目信息 \ 设计理念 \ 装饰材料 \ 空间规划 \ 照明设计 \ 自然色彩 \ 引景入室

● 案例分析

空间虽不算大，但设计师对材料的运用也是颇费心思，选取数十种材料，如不同的壁板、石材、砖块、金属与镜面，且在色彩上要求为相近色，使得呈现出浑然一体又层次丰富的空间效果。在照明方面，则选择造型简洁的灯具，且以暖黄色光为主，与材质相互辅佐，打造温暖的环境。纵然风雨将至，即便台风侵袭，处于室内之人亦能专注于眼下，尚可谈笑风生，心境洁净。

概念性景观

多功能厅与客厅成开放式布局，采用大面开窗与折叠床的设计，使外在景观渗透于室内，打造一个室外零界线空间，彼此呼应，让住户能轻松自在地沉浸于自然景观，享受阳光的沐浴。此外，室内空间利用概念性景观的设计与室外做呼应，于墙面注入了古典语汇的弧线线条，令其淡淡地散发奢华之感；家具、灯饰的材质上用了很多不同手法，让自然与奢华能够融合并新生。

装饰材料 DECORATIVE MATERIALS

名称	性能	搭配
 木作波浪壁板	以木材为原料制作的波浪造型的实木壁板，多用于高档别墅和会所。壁板主要是人们根据墙壁的需要而做出来的护墙或装饰壁板，主要分为实木板类、中密度板类和瓷砖类3种。	木质触感温润，纹理清晰、大方，形如波浪为此处带来富有节奏的动感，与壁龛、悬吊式长桌共舞出空间的乐章。

名称	性能	搭配

木作格栅壁板 —— 木材所制成的格栅状壁板。以木条整齐有序排列成形，具有良好的装饰性。 —— 木作格栅壁板有一种规律的美感，将其点缀在空间多处，还有一种自然禅意。

印度黑花岗岩 —— 产自印度，带均匀细密的斑点颗粒，具有不易风化、硬度高、抗压、耐磨损等特点。适用于室内空间以及部分室内台、盆等。 —— 景观区铺设印度黑石材供人踏足行走，防滑、美观持久；室内外连接之处以同种石材铺陈，界定功能之时亦便于观景情调。

卡拉拉白 —— 白色大理石，白底，有浅灰色丝纹、点纹、细粒。主要用于室内高档装饰，如柱子、构件、台面板、洗手盆等。 —— 悬空柜子的台面选用了润泽的卡拉拉白大理石，与上下的木料、镜面共筑得体的大空间。

项目信息 ＼ 设计理念 ＼ **装饰材料** ＼ **空间规划** ＼ 照明设计 ＼ 自然色彩 ＼ 引景入室　● 案例分析

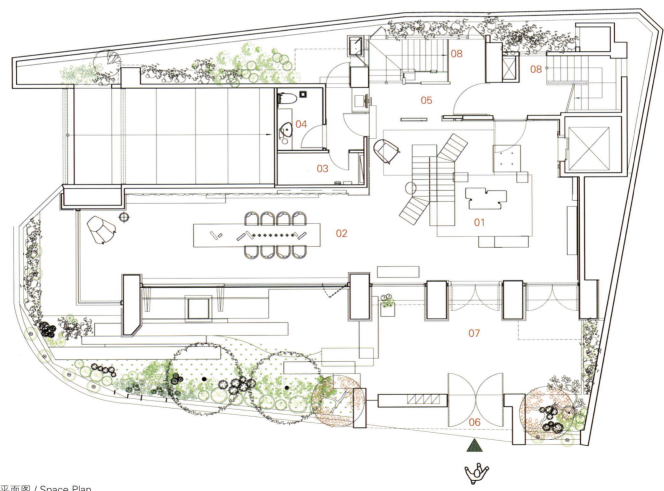

平面图 / Space Plan

- 01 接待区 / Reception Area
- 02 会议室 / Meeting Room
- 03 储物间 / Storage Room
- 04 卫生间 / Bathroom
- 05 走廊 / Corridor
- 06 入口 / Entrance
- 07 门厅 / The Hall
- 08 楼梯 / Staircase

245

● 案例赏析

时尚客厅

设计师使用具有意大利时尚感的家具,展现简练、大胆的美学理念。精致的线条搭配极具奢华感的石材,投射以情境光源,凭借光线与开窗比例的调整,自然氛围悄然流露,散发出独具魅力的空间气质。

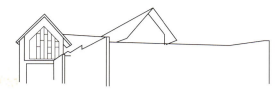

自然色彩 ｜ 引景入室
NATURAL COLORS ｜ BRINGING SCENERY INTO HOUSE

　　毫无疑问，这是一个被浓浓绿意包围的空间。从入门及至各处，信步游走，每一步皆可见盎然意趣。景观面积与室内面积相当，笼罩在室内边界四周，而设计师果断开窗、设门，最大限度迎入植被色彩与蓬勃生机，让自然也成为空间的一大主角，形成与木质、石材等缺一不可的色调来源。

竹林端景

移步异景，随着阳光洒落的光影，来到由无框式大面玻璃呈现的竹林端景。通过三个空间的层层交叠，层次间衬托出竹林的种种风情，从远观到身临其境都有不同的感受。在这个空间里阅读，更仿佛置身于竹林一般悠然、惬意。

奢华风 LUXURY STYLE

项目信息 ╲ 设计理念 ╲ 装饰材料 ╲ 空间规划

案例分析 / 案例赏析

A Quiet Building
寂静量体

扫码查看电子书

项目信息 | Project Information

设计公司 / 浩室设计有限公司
设计师 / 邱炫达
项目地点 / 台湾桃园
项目面积 / 215 m²
主要材料 / 大理石、特殊涂料、进口系统板材、玻璃、铁件等

Design Company / HOUSEPLAN
Designer / Qiu Xuan-Da
Project Location / Taoyuan
Area / 215m²
Main materials / marble, special coating, import panel, glass, iron, etc.

设计理念
DESIGN CONCEPT

The design creates unsymmetrical diversity by deconstruction methodology and creates uniqueness and fun. The indoor space decorated with natural materials, irregular structures, and fuzzy scales displays the genuine space idiosyncrasy.

The space creation is boundary-free, neither is the design. On top of the consideration of functionality and beauty, it reminds us of the possibility to create the uniqueness and joy.

　　表现出解构主义手法中塑造多元不对等性，创造独特与趣味。室内用材尽以自然原生质材展现，并充分以不规则线性构筑，模糊水平与规矩等既有概念，赋予空间个性。

　　空间创作无限制，设计也无界限，在自然复古与现在时尚、都市风与工业风之间，在考量实用与美观外，能否兼具独特性与趣味性的延伸吸引度，值得让人玩味醒思。

项目信息 / 设计理念 / 装饰材料 / 空间规划

● 案例分析

装饰材料
DECORATIVE MATERIALS

　　空间多以岩石质与水泥质作铺陈，期望与一般居室空间呈现不一样的性格，并解决屋主饲养鹦鹉容易造成家具破坏等问题。玄关的岩石穿鞋椅以单边不对称的形式呈现活泼感，并提高使用便利性。电视墙为真岩石，以不同切割面大小拼接，充分表现立面深浅层次。餐桌面采用平整岩石；地坪拼贴纹理不重复的仿石纹半抛石英砖，砖石铺陈之间充满自然对花，衬托出空间精致感。

　　不规则斜面天花板，以白色斜框，大气铺陈之下与水泥雕塑墙面构成块面嵌接，如大型的室内复合雕塑。室内墙面充满清水模与水泥质地的触感，模糊了居家与艺术的界线，将空间演绎呈梦境般。设计师完全打破家装传统思维，不需工整也无需对比，只讲究游走在非线性空间的黄金比例。

名称	性能	搭配
 玄武岩墙面	玄武岩是高层建筑轻质混凝土的良好骨料，也是园林景观、家庭装饰的常见用材。岩石表面具有气孔，具有隔音、隔热的特点，耐久性高，节理丰富；抗压强度好、吸水率低、导电性弱。	开放式餐厨空间墙面铺设具有气孔的玄武岩材质墙面，利用其吸水性低的特点可以增强空间的防潮性；其丰富的自然纹理给空间具有律动感的原始装饰。
 水泥塑像墙	水泥自身的灰色沉稳柔和、干净冷练，让空间具有最本真的自然状态，能营造质朴感，更具有时尚气息。	设计师用水泥雕塑墙面构成块面，让墙面在空间中呈艺术装置一般的存在，既具有空间隔断的功能，又具有艺术装饰感。
 水泥清水模	即将水泥混凝土灌浆凝固拆模后，不加修饰的原始墙面。	设计师创造了大面积清水模墙面，利用不同模具打造矩形排布的水泥清水模墙面，实现质朴而丰富的装饰效果。
 圆头铆钉	人类对于铆钉的制作与应用具有悠久的历史，主要用于器件的拼装。	设计师别出心裁，利用装饰性的铆钉增加空间的工业风气质，增强了室内硬朗粗犷的空间形象。
 仿石纹半抛石英砖	石材半抛是将凸出的表面抛光，形成部分的光亮折射面，另一些部分仍保持暗哑，这能达到不同仿石、仿古效果。	利用仿古纹样的地砖，塑造岁月侵蚀的痕迹，使得空间更具历史感、沧桑感和怀旧感，以自然复古之气打造个性化空间。

客餐厅大斜面造型墙是衔接两厅的动线，以不对称非线性手法塑造墙体，如水泥雕塑品般充满立体凹凸角面，创造抢眼的造型之余打造兼具展示艺术品与复合收纳双功能。设计师在居家空间大胆尝试此装置，相当具有原创性与实验性。

空间规划
SPACE PLANNING

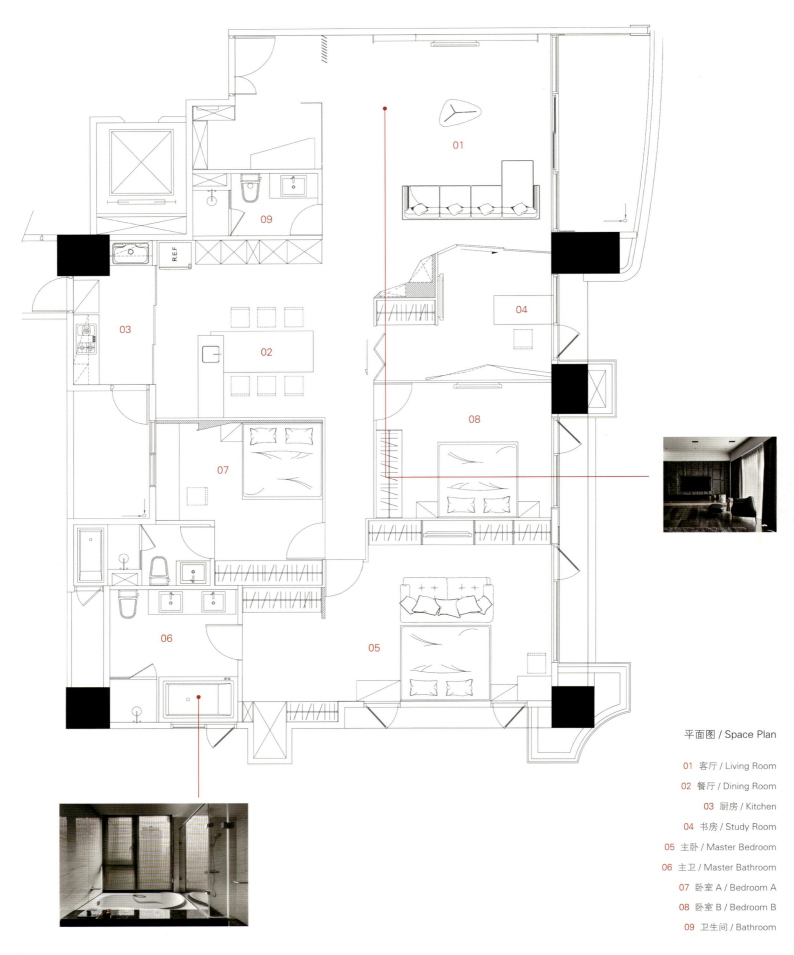

平面图 / Space Plan

01 客厅 / Living Room
02 餐厅 / Dining Room
03 厨房 / Kitchen
04 书房 / Study Room
05 主卧 / Master Bedroom
06 主卫 / Master Bathroom
07 卧室 A / Bedroom A
08 卧室 B / Bedroom B
09 卫生间 / Bathroom

案例赏析

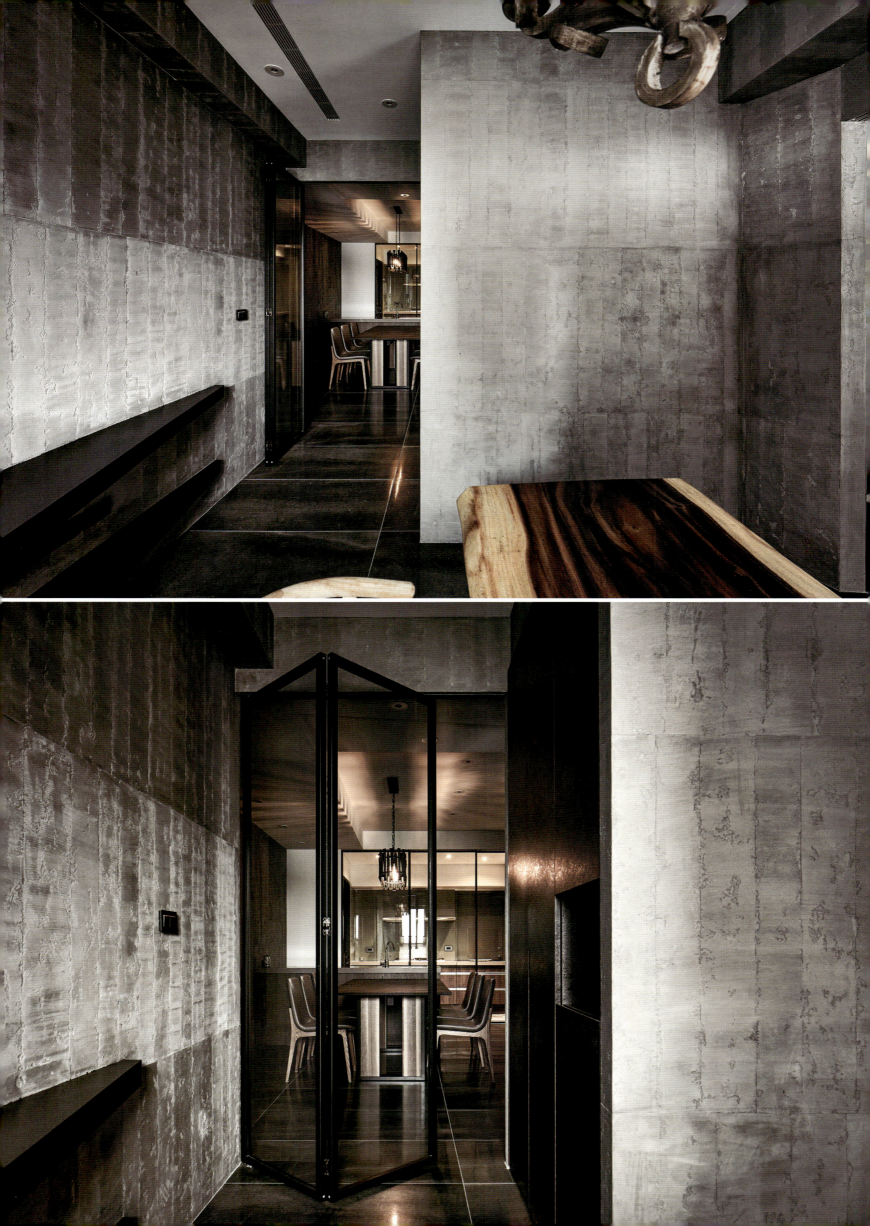

奢华风 LUXURY STYLE

项目信息 / 设计理念 / 空间规划 / 装饰材料

案例分析 / 案例赏析

The Beauty of Symmetry in Space, the Spirit of City Youth

空间的对称美学，都市青年的精神内涵

扫码查看电子书

项目信息 ｜ Project Information

项目名称 / 松疆
设计公司 / 杨焕生设计师事务所
设计师 / 杨焕生、郭士豪
项目地点 / 台湾台北
项目面积 / 790 m²
主要材料 / 木皮、钛金属、原装家具、订制花艺、订制灯、镜面、大理石等

Project Name / Song Jiang
Design Company / YHS DESIGN
Designers / Yang Huan-Sheng, Guo Shi-Hao
Project Location / Taibei
Area / 790m²
Main Materials / veneer, titanium, original household, bouquets, customised light, mirror, marble, etc.

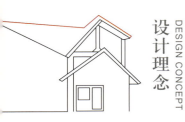

设计理念 DESIGN CONCEPT

项目信息 / **设计理念** / 空间规划 / 装饰材料 ● 案例分析

This house locates in the prime location in Taibei, and it is a duplex apartment. The owner has two rooms on the same floor. Considering that the owner has some aesthetic tastes and he would love to live in a life of city youth. Right now, only the couple live here, the designer blends in some British style in his design. The British design always depends on simple lines and beautiful and smooth technology which creates a mature and elegant atmosphere and give the fashion and space a rewrite, chooses the visual symbol as its characters, and put all of them in this design to create an art space.

这处居所位于台北市黄金地段，且是一个双拼户型，业主拥有同一层楼中的两间房。考虑到业主具备一定的美学审美、品位以及趋于都市青年的生活方式，且目前家庭结构为夫妻二人，设计师在空间里融入了英式风格。英式设计空间总是藉由洗练线条与细腻工艺语汇，成就环境性格与优雅氛围，并将时尚语汇与大器空间进行重新阐释，萃取其中的特色作为视觉符号，然后将这些特色复合在本案的细节里，令空间宛若生活艺术居所。

● 客厅

● 对称式通道

对称式通道

设计师以位于电梯处的玄关串联两个户型，而且创意性地将两条通道设计成对称式，令其分别延伸至两个户型中的客厅和私人空间，让人一入门就感受到生活和生活空间的趣味。一道光精准投射到装饰画上，结合对称式设计的古典感和秩序感，恍惚之间仿佛踏进了艺术画廊。与此同时，适度的光线与浅色的皮革使得以暗调大理石为地板的通道不至于过暗，大理石上的反光则引导人缓步前进。

开放式客厅、餐厅

空间的开放性与隐秘性是衡量设计优劣的重要标准之一。现如今越来越多的人喜欢开放的空间，注重家人共享区域的开放性，以此增强空间的宽敞、通透感，更希望强化这些空间的情感交流等社交功能。

本案中，设计师让客厅、餐厅、厨房呈现开放的布局，让原本开阔的空间显得尤为敞亮。另外，客厅、餐厅、中岛台在主色调上保持统一的灰色，但以具体的明度或用色区别彼此，还以不同用材的天花板作为中岛台与餐厅、客厅的区隔，有一种求同存异的魅力。

客厅的软装选取偏向低矮化设计的家具，组合沙发足以容纳多位家人、宾客，皮质软包的形式可以令人获得非常舒适的触感，几抹暖色跳出灰色的围合，焕发独特的自在气息。大理石的电视背景墙向内切割，让电视机、壁炉和音响都恰好嵌入其中，整体感十足。

椭圆餐桌

边角圆滑的家具日益受到市场和业主的喜爱，将传统、规规矩矩的棱角处理为圆弧状，不仅具备弧形的光滑润泽，更可有效减少磕碰撞击的隐患，以及方便于实际的使用。一个椭圆形的餐桌一方面可以让就餐者自由落座，另一方面可以化解开放空间过硬的线条，营造轻松氛围。

1 开放式客厅、餐厅
2 休闲起居室
3 通亮浴室

休闲起居室

不同于以待客为主的客厅，起居室主要供居住者会客、娱乐、团聚等，对此设计师主打更日常化的环境，让其回归为供家人活动的日常生活起居空间，赋予其更加私密与随意的氛围。

电视墙延续客厅电视墙嵌入式的设计手法，而白色石材大气、亮眼，奠定空间的气场。左右各一个展示柜，克制的灯光设计正好满足藏品等展示之物所需的照明。木质如小溪流从上至下缓缓流淌，偶尔的金属流行元素装扮其间，使暖流无限蔓延。展示柜一旁开了一扇窗，自然光与风随之而入，所见是住宅大楼特有的外观和都市缩影，这些让这一处窗景宛如一幅中国山水画，有着悠远的意境，韵味绵长。

通亮浴室

对于整体室内而言，浴室会是一个给人不一样感觉的空间。方正的硬装中铺陈灰白色调，以两扇窗保障采光与通风，在洗手台下最大限度地添置收纳储物柜体，满足功能需求，而且通透的特点使体验感得到优化。

空间规划
SPACE PLANNING

设计师以玄关一线为分界，严谨把控公、私两大区域，形成两侧分别主要是共享空间和私人空间的格局。由此，透过大器布局与讲究的细节工艺，勾勒出精美、可多向观看的丰富性，明示了艺术生活的态度，也让居家成为业主内在精神与美学涵养的具体表征。

平面图 / Space Plan

- 01 客厅 / Living Room
- 02 餐厅 / Dining Room
- 03 内厨 / Inner Kitchen
- 04 外厨 / Outer Kitchen
- 05 工作阳台 / Work Balcony
- 06 景观阳台 / View Balcony
- 07 儿童房 A / Kids' Room A
- 08 衣帽间 / Walk-in Closet
- 09 更衣室 / Locking Room
- 10 儿童房 B / Kids' Room B
- 11 卫生间 / Bathroom
- 12 主卧 / Master Bedroom
- 13 主卫 / Master Bathroom
- 14 主机房 / Primary Machine Room
- 15 走廊 / Corridor
- 16 客卧 / Guest Bedroom
- 17 佣人房 / Maid's Room
- 18 储藏室 / Storage Room
- 19 玄关 / Foyer
- 20 起居室 / Lounge

设计尝试以温润皮质饰材搭配鲜明色调创造视觉焦点，或是肌理丰美的大理石墙，或是金属分割线条，与过往相比，它们都更加强调舒适与和谐的色调，避免陷入阴郁的灰色空间。

装饰材料 DECORATIVE MATERIALS

项目信息 \ 设计理念 \ 空间规划 \ **装饰材料** ○ 案例分析

名称	性能	搭配
意大利幻彩灰	源于意大利的大理石，灰色为主色，纹路为幻彩，显色度和平整度高，肌理整体图案大气、恢弘。	设计师在客厅地板、电视墙大面积铺设幻彩灰，有磅礴之势，亦有丰富的细节魅力。
蔚蓝海岸	蓝色系大理石，纹理无明显规律，釉面感强，一石多面，抗污耐磨、防水阻燃，适用于室内墙面、台面板和室外墙面等。	中岛台台面使用蔚蓝海岸大理石，色彩与纹理似有一种海阔天空之感，洋溢着华丽、文雅的气息。
雕刻白	意大利进口白色系大理石，白底灰纹，不易腐蚀，光洁度高，美观大方，价格较高。常用于高档酒店、休闲场所、别墅。	起居室的雕刻白电视墙如玉般温润，和谐自然，天然的美感表现简约时尚的品位。
直白纹瓷砖	纹理仿直白纹大理石，色泽亮白，灰白相间，层理清晰，纹理平直且均匀，多用于卫浴空间。	作为浴缸、洗手台的陪衬，浴室的地板和墙面更讲求实用性，湿区选择防滑的地砖，干区和墙面则选择直白纹，各有侧重，共筑浴室的整洁与通透。

案例赏析

奢华风
LUXURY STYLE

案例分析 / 案例赏析

项目信息 ＼ 设计理念 ＼ 装饰材料 ＼ 空间规划 ＼ 自然采光 ＼ 引景入室

Drawing Window Scenery and Building Generous Dwelling

汲窗景，筑大度居所

扫码查看电子书

项目信息 | Project Information

设计公司 / 森境室内装修设计工程有限公司
设计师 / 王俊宏、曹士卿
项目面积 / 室内 550 ㎡ + 庭院 460 ㎡
主要材料 / 钢刷木皮、喷漆、大理石、木地板、铁件、玻璃等
摄影师 / KPS 游宏祥

Design Company / SENJIN DESIGN
Designers / Wang Jun-Hong, Cao Shi-Qing
Area / interior 550m² + courtyard 460m²
Main Materials / copper brush veneer, sprayed paint, marble, wooden veneer, iron, glasses, etc.
Photographer / KPS Kyle Yu

设计理念
DESIGN CONCEPT

The task of the design is to make the old house reborn in a new way and uses the delicate as the brocade and detailed treatments to make the tough material soft. In the spacious space, the designer takes the concept of one scenery in one window, allowing the villa to generate the vitality from the old building structure. Open a window to introduce green scenery into the room, letting the scenery of the circulation of seasons jump into eyes. At the same time, using the design that the functions determine shapes and along with the winding staircase, the spatial construction and the overlapping scenery are presented.

设计的任务是使旧屋以崭新的方式获得重生，并运用如锦绣织就般的细腻与细节处理使刚毅之材化为绕指柔。在广阔的空间中，设计师取一窗一景的概念，让别墅从陈旧的建筑结构中焕发生机，开一扇窗，引一片绿，让季节流转的景象尽入眼帘。同时，采取形随机能的设计，随着楼梯的蜿蜒曲折，空间构造与景象层迭反复地展现眼前。

沉稳卧室

大量置入木质元素，强调留白的两幅装饰画犹如锦上添花，打造格外深沉与淡泊的居室质感，延续整体空间的品位。床正面的电视提供了一种放松的选择和方式，而一张方桌、两把太师椅、两层置物架则更方便居住者读书、写字和办公。

公共区挑高

由暗调的稳重玄关进入，眼前是挑高设计带来的通亮感。挑高设计与茶堂、餐厅的内敛高度形成鲜明对比，同时与如画的窗景营造构成一致的设计语言。具有穿透感的收纳、展示柜界定了茶堂与餐厅两个使用区，让二者相互串联，引进采光的同时，也能共享窗外风光。

蜿蜒楼梯

在上下楼层的衔接方面，设计师大胆采用异形梯，利用格栅的结构增强层次感，而搭配隐约通透的铁件、玻璃材质，改变了上、下楼的视野，创造开阔空间的亮点，同时缩短串联上、下的动线。另一方面，各种式样的大理石纹理与楼梯造就了别墅的磅礴气势。

特色电视墙

为了配合客厅的挑高，设计师用大器的石材构筑电视墙，并巧妙嵌入墨黑色的铁件，让电视融入其中。大理石特意雕凿出的垂直线条非常利落，线性的切割效果与楼梯扶手、入门玄关端景铁件相呼应，让空间更有整体感。

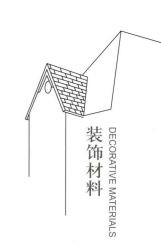

装饰材料 DECORATIVE MATERIALS

项目信息 \ 设计理念 \ **装饰材料** \ 空间规划 \ 自然采光 \ 引景入室 ● **案例分析**

名称	性能	搭配
钢刷木皮	木皮一般指室内木装饰材料中的贴面木质皮,表面经精细打磨平整而光滑。相比普通木皮,钢刷木皮在表面精磨的基础上,用钢刷刷出带凹凸立体感木质纤维的纹路,突显出木材原有的特点。	温润的木皮可以围裹出温馨的居家气氛,经过钢刷得到的木材纹理立体感能够丰富空间的细节层次。
铁件	以金属为材料打造的构件,造型多样,在室内设计中常以摆件、家具的形式出现。	设计师选用了多种铁件装饰空间,如玄关的铁件端景,客厅的铁件扶手、嵌入式格柜,又或运用于悬吊式格柜,实用且其金属色泽美观大方。
灵璧石	安徽县灵璧县特产,是一种玉石类的变质石,质地细腻温润,滑如凝脂,石纹褶皱缠结、肌理缜密,石表起伏跌宕、沟壑交错,造型粗犷峥嵘、气韵苍古,有"天下第一美石"之称。	在室外设计一个造景池,营造了有山石有流水的中国古园林意境。不管是在室内还是室外,人们都可以欣赏到这处景,感受其中所传递的文化与精神。
大理石	常见的建筑装饰材料,因各种颜色、花纹、抗压强度等多种属性受到市场欢迎。多作为建筑物的墙面、地面、台、柱,也被用于家具、灯具,尤其是广泛运用于台式作品中。	选取大面的大理石作为电视背景墙,大理石雕琢出的线条呼应楼梯扶手。玄关处的大理石色泽典雅,纹理清晰、对称,给人留下良好的印象。

287

收纳规划

对于储物功能的添设，设计师更多的是采用隐藏的方式，令其隐藏于壁面和结构柱里面，尤其是餐厅和茶堂，于无形之中完善空间的机能。

1 主卧收纳设计
2 客厅电视墙收纳设计
3 引景入室

空间规划
SPACE PLANNING

别墅布局分为地下一层、地上四层以及一间阁楼，另有超大的庭院，且除一层之外，三层和四层也有庭院，格局与视野都十分开阔。总体上，功能区分为6间卧室、2个厅、1间厨房、1间视听室、1间佛堂以及5间卫浴空间，适应居住者的多项生活需求。格局的巧妙调整让采光、动线流畅，隐而不显的机能让生活井然有序，处处构建设计语汇的呼应，展现旧宅雍容大度的新形貌。

自然采光 ｜ 引景入室
NATURAL LIGHTING | BRINGING SCENERY INTO HOUSE

每个空间都用心留出多面且大幅的开窗，确保光线的自由流动。一扇窗其实也是一面引景画框，室内的小景邀约室外的大景观进入内里，互相吸引的关系以及室内的禅意创造了更浓厚的人文气息。置身其间，园林的形象不知不觉间映入脑海，意识的涌现加深了家居耐人寻味的印象。

案例赏析

奢华风 LUXURY STYLE

案例分析 / 案例赏析

项目信息 \ 设计理念 \ 照明设计 \ 空间规划 \ 装饰材料

Hiding and Having a Relax Time in a Busy City

大隐于市觅得浮生闲

扫码查看电子书

项目信息 | Project Information

项目名称 / 某私人住宅

设计公司 / 大隐室内设计工程有限公司

项目面积 / 265 m²

主要材料 / 防腐木、粗面岩石、云朵拉灰、方木、拓採岩、仿水泥砖、木纹砖、镀黑钛拉丝不锈钢等

Project Name / A Private House

Design Company / TAD ASSOCIATES INC. INTERIOR DESIGN

Area / 265m²

Main Materials / corrosion prevention, asperities, imported marble, lumps of wood, rock, cement brick, woodgrain and black coating stainless steel, etc.

设计理念
DESIGN CONCEPT

The light of the afternoon is coming from the window. Time is beautiful at that time. Quiet, relaxed and comfortable are the best feelings when you are home. No more decorations, no noisier, the only thing you can feel are comfort and simplicity. The experienced designer and the experienced owner work together to create the house with the Asian charm which the owner believes that it is the ideal home.

The open space connects with a courtyard which keeps quiet in a noisy neighbourhood, and the fresh breeze blows gently which gives the audience a happy atmosphere. The total decorations are neutral, clean, and tidy, it not only forbid complexity but satisfies the appreciation of the Asian beauty and needs of modern life. Many natural resources, such as wood materials, copy cement brick, imported marble, all of these give audiences a feeling of finding everything fresh and new. On these natural resources, it has many modern elements, for example, the desk legs are customised, and the desktop is bought in Xiamen, matching with Poltrona Frau leather chair which gives a unique and concise beauty in this design.

　　午后的阳光从窗外倾泻而下，时光是如此的美好。宁静、安逸是家最大的享受，没有繁杂的装饰，没有喧闹的灯光，唯有舒适、简单。经历颇丰的屋主人与经验颇丰的设计师合作，打造出这个拥有现代东方韵味的家，是主人理想中的样子。

　　开阔的空间连通庭院，闹中取静，清风徐来觅得浮生闲。整个装饰趋于中性、干净、简洁，避免过于风格化，同时又符合东方人的审美和满足现代生活的需求。大量自然材料，天然的原木、个性的仿水泥砖、云朵拉灰、粗面岩石等，这些纯朴自然的材质搭配出的空间让人耳目一新。而在此基础上增加的很多摩登的元素，例如，餐桌柱腿的设计是设计师定制的家具，桌面则是业主从厦门采购的一整块天然原木，再配上意大利品牌Poltrona Frau原版的纯牛皮餐椅，三者在气质上互相碰触，却混搭出一片独特的简约之美。

照明设计
LIGHTING DESIGN

　　善用线形照明改善空间呈现形态。线性照明是从灯具外观形态上进行归类的一种照明产品或系统，基于安装槽要求，多以长条形作为基本形态，其具备灯具小型化、外观线形化、照明方式多样化、配件搭配多样化等特点。客厅与餐厅，柱体以镜面不锈钢饰面内嵌线形照明灯具使静态的柱，也能记录光与影。

装饰材料 DECORATIVE MATERIALS

名称	性能	搭配
 范思哲黑大理石	常用建材，常用于室内外高档装饰。进口花岗岩，底色为黑色，纹路粗犷，光度非常好，釉面感强。	深色石材与橡木色系木材和水泥质感的瓷砖搭配，将细致的品味化为生活的感动，很好地增添了空间的色彩感与生命力。
 科技密胺面板	极强的耐磨性，可以在达到230℃的高温下防水防热，提高了家具的使用寿命。	岛台运用橡木色木皮与仿灰色大理石的科技密胺面板，将整个空间色系保持一致，为整体空间增添了令人吸睛的视觉焦点。
 拓采岩	一款具有革命性和颠覆性的天然石材产品，它取自亿万年形成的天然岩脉，天然凹凸纹路、超薄（厚度仅1~2mm）、超轻（重量1kg/㎡）、能弯曲、能透光。	将公共空间与卧室移门用新型石材贴面，看似一幅画。这幅"画"后隐藏了通往3楼的楼梯。与黑钛拉丝不锈钢与橡木色木饰面的搭配，多层次的材料让空间更丰富。
 橡木木地板	常见建材，是橡木经刨切加工后做成的实木地板或者实木多层地板。纹理直略交错，结构中等，木材重而硬，强度及韧性高，稳定性佳。橡木地板花色品种多，纹理丰富美丽，花纹自然；冬暖夏凉，脚感舒适；地板的稳定性相对较好。	橡木色地板与黑色大理石相搭配装饰着通向二层的楼梯，同时用白色烤漆面的侧面装饰增强了视觉的趣味性，并与整体空间色彩保持一致。

项目信息 ╲ 设计理念 ╲ 照明设计 ╲ **装饰材料** ╲ 空间规划　● 案例分析

空间规划
SPACE PLANNING

项目信息 / 设计理念 / 照明设计 / 装饰材料 / 空间规划

○ 案例分析

一层平面图
1st Floor Plan

01 客厅 / Living Room
02 餐厅 / Dining Room
03 厨房 / Kitchen
04 中岛 / Kitchen Island
05 入口 / Entrance
06 卧室 / Bedroom
07 卫生间 / Bathroom
08 庭院 / Courtyard

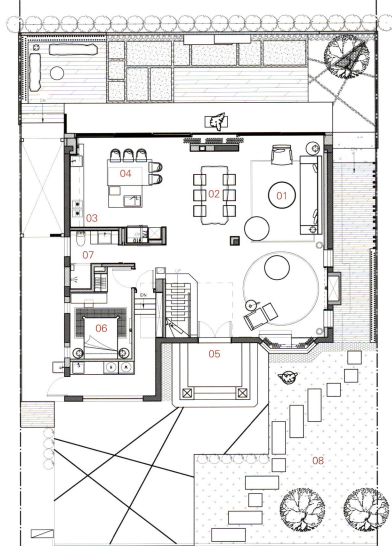

●一层平面

●二层平面

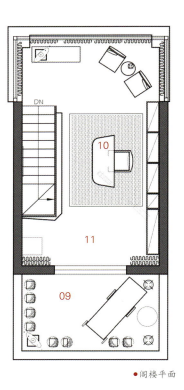

●阁楼平面

二层平面图 / 阁楼平面图
2nd Floor Plan / Loft Plan

01 主卧 / Master Bedroom
02 衣帽间 / Walk-in Closet
03 主卫 / Master Bathroom
04 玄关 / Foyer
05 儿童房 A / Kids' Room A
06 儿童房 B / Kids' Room B
07 卫生间 / Bathroom
08 挑空区 / Void Area
09 景观阳台 / View Balcony
10 书房 / Study Room
11 健身区 / GYM
12 设备区 / Equipment Area

打通格局，让视野再开阔一点。

主人希望让家的空间感更宽敞一点。为此，设计师在一层空间内部上演了一场改革，玄关的墙体被敲除，厨房和餐厅则完全是开放式的结构。这样的处理手法，让整个空间各功能区域彼此贯通，又相互依存。从入门处望去，视野变得开阔明朗。阳光从室外引入，弥漫在空间的每个角落里，舒适而自然。移门也成为区域划分的方式，或打开或闭合，空间变得多样性十足。

由家具来定义聚合，整个空间没有硬性分隔，却变成了一整个大型的"活动"空间。

圆形茶几、柔软沙发、丝绒地毯，围拢出舒服的灰色调客厅。沙发被随性地组合，没有常规化的"3+2+1"搭配，而是处理的很有趣味感。或卧或坐，或随意地趴在沙发墩子上，都是一种舒适的状态。对面一个实木台面与大理石基座拼合的岛台，配上几把高脚餐椅，再加上一整块天然原木的餐桌和纯牛皮餐椅，就是放松的餐厨空间。

巧妙地运用材料，修饰无法避免的结构性柱体。

利用光折射的原理，用镜面不锈钢包裹结构柱体，弱化了结构柱体的存在感，镜像中倒映的空间效果又神奇地让立柱自身"消失"于人们的视线中，颇值玩味。再加上直线条的灯带装饰，巧妙地化干戈为玉帛，让结构柱体成为空间里一道独立的风景线。

在设计狭长空间时，应尽量简洁利索。

整个三层空间都是主人的书房，也是主人在家工作的地方。由于空间为狭长形，为了避免局促感，又要实现书房的功能，设计师采用了全玻璃的护栏，让视觉更加通透。此外，在楼梯靠墙一侧的上面拉出一条凹槽，用作主人丰富收藏的展示架；在墙壁上架设隔板呈现出一个错落有致的书架，起到很好的收纳展示功能；旁边安置的一方舒适的沙发，又满足了休憩的功能。

3	
4	1
	2

1 打通格局，让视野再开阔一点
2 由家具来定义聚合，整个空间没有硬性分隔，却变成了一整个大型的"活动"空间
3 巧妙地运用材料，修饰无法避免的结构性柱体
4 在设计狭长空间时，应尽量简洁利索

○ 案例赏析

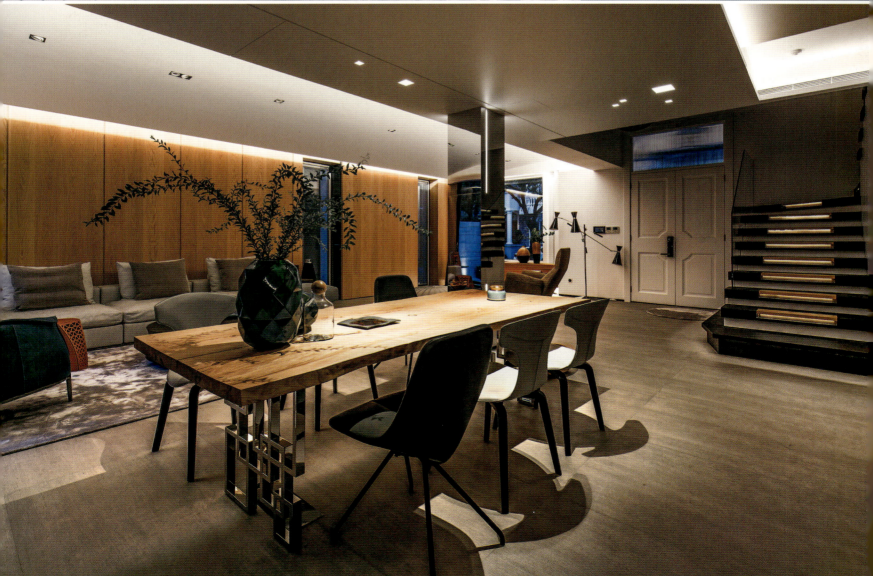

化简洁为美好

1	2
3	

1 隐藏的地面灯带
2 床头小吊灯
3 镜面呈现的美

极简是一种非常考验功力的设计，没有一丝一毫多余的装饰，就能把空间最美的样子呈现出来。窗外的阳光、雨露、枝丫，窗里的笑颜、温柔、恬静……一切与生活相关的美好，都在我们眼里。

The Original Texture Showing the Modern Cultural Residence

原始质感铺述当代人文大宅

扫码查看电子书

项目信息 | Project Information

项目名称 / 世界花园桥峰
设计公司 / 近境制作
设计师 / 唐忠汉
项目地点 / 台湾台北
项目面积 / 191 m²
主要材料 / 石皮、磁砖薄板、灰镜、木皮、铁件喷漆等

Project Name / World Garden Bridge Upto Zenith
Design Company / DESIGN APARTMENT
Designer / TT
Project Location / Taipei, Taiwan
Area / 191 m²
Main Materials / stone veneer, brick plate, gray glasses, wooden veneer, sprayed iron, etc.

设计理念
DESIGN CONCEPT

项目信息 \ **设计理念** \ 空间规划 \ 装饰材料 \ 自然色彩

● 案例分析

The home space carries the greatest load of our lives. Like parents, elder, children, pets, these different people and items are separated in the same space to form an integration. It requires every designer to think seriously about how to satisfy the different personal preferences, how to coordinate with the personal style and the comfort of the home space, and whether it pursues warmth and romance or conciseness and simplicity.

This case is a residence of a family of four, where a couple and a pair of children live together. The spatial structure of this project is relatively narrow. The designer sets the concept of cultural and calm style, and uses the natural stone, metal and wooden texture to make the changes of colors, outlining the simple lines and bringing out the cultural atmosphere.

居家空间，承载着我们生活的最大负荷。父母、老人、小孩、爱宠，不同的人和物区隔在同一空间中，形成整体。如何满足区别的个性偏好，如何最大限度地将个人风格与家居空间的舒适相协调，是追求温馨浪漫，还是简约干练，需要每个设计者认真思考。

本案作为一个四口之家，夫妻及一对子女所要居住的房子，项目的空间结构较为狭长。设计师以沉稳大气的风格概念为设定，借由自然石材、金属、木头纹理来做深浅变化，借此勾勒简练线条，带出人文气息。

石材的营造

屋主喜欢自然的材质，所以将自然粗犷的质朴感移植进空间，大量石材的运用，营造出自然朴素的氛围，符合屋主气质。

互动性设计

减去过多繁复设计，打造家的人文简练气息。屋主希望小朋友不要闷在房间，平时可以待在餐厅看书、吃饭，以大开口的互动设计，创造家人的情感连结。贴心的女儿房设计，特别以上下铺概念打造，错落的开口设计，更能增加安全及互动性，上层为游戏空间，下层为睡眠空间。

公领域横跨了两支大梁,设计时考量该如何弱化它,采用队列方式表现,拉大客厅面向。同时,设计师在量体上做了两个开口分割,创造出一个回字形的动线,借由延伸创造虚实的表现,借由角度转换发现不同视野。

空间规划
SPACE PLANNING

项目信息 ＼ 设计理念 ＼ **空间规划** ＼ 装饰材料 ＼ 自然色彩　●　案例分析

设计亮点

① 针对横跨的大梁,采用列队方式打造电视背景墙,拉大客厅面向。

② 利用两个开口分割,创造回字形动线,视觉开阔且活动方便。

平面图 / Space Plan

01 客厅 / Living Room	05 主卧 / Master Bedroom	09 卧室 A / Bedroom A
02 餐厅 / Dining Room	06 主卫 / Master Bathroom	10 卧室 B / Bedroom B
03 厨房 / Kitchen	07 衣帽间 / Walk-in Closet	11 卫生间 / Bathroom
04 中岛 / Kitchen Island	08 阳台 / Balcony	12 洗衣阳台 / Laundry Balcony

装饰材料
DECORATIVE MATERIALS

	名称	性能	搭配
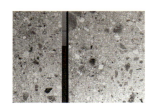	仿石材瓷砖	仿照自然石料制造出来的一种瓷砖，其图案、色泽、纹理、外形均模仿石材的陶瓷砖。不仅外观美观具备瓷砖的优点，且价格亲民易于维护，无辐射无色差，更环保。	客厅整个壁面采用仿石材质感的薄型瓷砖铺陈，突出空间的肌理感，从而传递自然的气息。在灰镜与铁件的结合下，兼具展示功能及营造空间亮点。
	灰镜	一种广泛应用的装饰用镜。其制作的基本过程是在灰色玻璃上镀一层银粉，然后再粉刷一层或数层高抗腐蚀性环保油漆，并经过一系列的美化和切割工艺，最终制作而成。稳定性与装饰性都极好。	灰镜在可见光范围内有一致的吸收特性，起阻光作用，没有任何色彩改变，是一种常用的调节光亮的滤光镜。设计师利用灰镜做出分割，在光束的转换下，弱化掉石头所产生的压迫。
	鱼鳞板	表面装饰看起来像是鱼鳞的一种板材，重量轻、施工简便、造型别致、新颖美观。较多适用于阳台、楼梯间、墙面等。	善于利用鱼鳞板的设计创造隐藏式的收纳功能，搭配另一侧铁件、石材向上延伸的立面，除了增加收纳性，更增加了视觉器度。

自然色彩
NATURAL COLORS

延续整体灰色的的主线，主卧以明亮为主轴，借由大理石与仿锈砖及打斜墙面创造出端景层次感。儿童房的设计依然选择带有灰色调的色彩铺陈，像是带有灰阶的黑板，更能糅合空间，创造最适合小朋友的生活环境。男孩房采用洁净白底铺陈空间，少许灰色点缀，同时刻意在主墙做出脱开设计，让带出量体层次感及修饰梁柱问题。

案例赏析

图书在版编目（CIP）数据

宅在台湾．Ⅴ／深圳视界文化传播有限公司编．--北京：中国林业出版社，2019.3
ISBN 978-7-5038-9998-0

Ⅰ．①宅… Ⅱ．①深… Ⅲ．①住宅－建筑设计－作品集－台湾 Ⅳ．①TU241

中国版本图书馆CIP数据核字（2019）第058247号

编委会成员名单
策划制作：深圳视界文化传播有限公司（www.dvip-sz.com）
总 策 划：万　晶
编　　辑：杨珍琼
校　　对：陈劳平　尹丽斯
翻　　译：马　靖
装帧设计：叶一斌
联系电话：0755-82834960

中国林业出版社　·　建筑分社
策　　划：纪　亮
责任编辑：纪　亮　王思源

出版：中国林业出版社
（100009 北京西城区德内大街刘海胡同 7 号）
http://lycb.forestry.gov.cn/
电话：（010）8314 3518
发行：中国林业出版社
印刷：深圳市汇亿丰印刷科技有限公司
版次：2019 年 5 月第 1 版
印次：2019 年 5 月第 1 次
开本：235mm×335mm，1/16
印张：20
字数：300 千字
定价：428.00 元 (USD 86.00)